W0262472

Additional material to this book can be downloaded from http //extras springer com

ISBN 978-3-662-32319-9   ISBN 978-3-662-33146-0 (eBook)
DOI 10.1007/978-3-662-33146-0
Softcover reprint of the hardcover 1st edition 1886

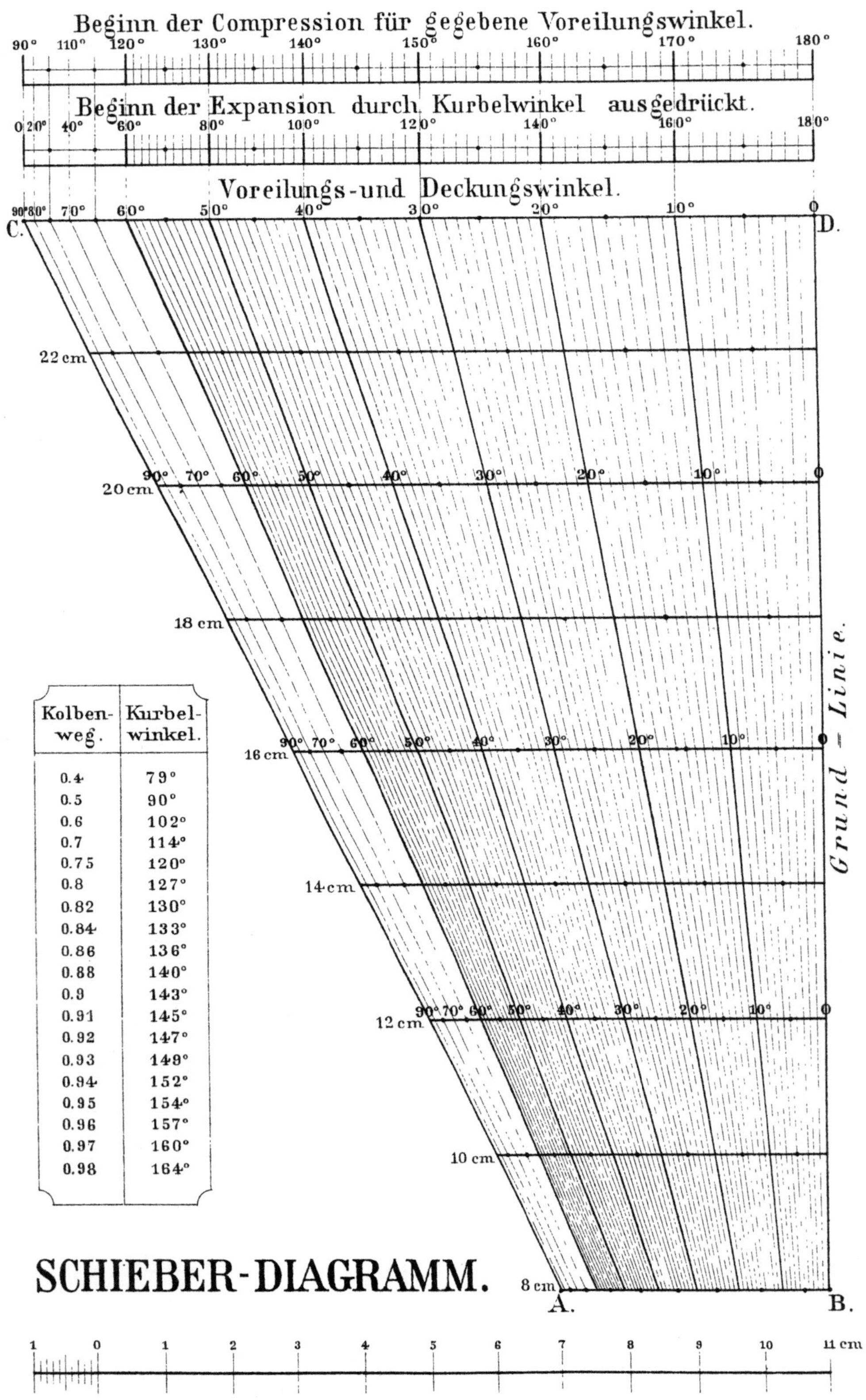

Beginn der Compression für gegebene Voreilungswinkel.
90° 110° 120° 130° 140° 150° 160° 170° 180°
Beginn der Expansion durch Kurbelwinkel ausgedrückt.
0 20° 40° 60° 80° 100° 120° 140° 160° 180°
Voreilungs-und Deckungswinkel.
90° 80° 70° 60° 50° 40° 30° 20° 10° 0
C. D.
22 cm
20 cm
18 cm
16 cm
14 cm
12 cm
10 cm
8 cm
A. B.
Grund = Linie.
Kolben-weg. | Kurbel-winkel.
0.4 79°
0.5 90°
0.6 102°
0.7 114°
0.75 120°
0.8 127°
0.82 130°
0.84 133°
0.86 136°
0.88 140°
0.9 143°
0.91 145°
0.92 147°
0.93 149°
0.94 152°
0.95 154°
0.96 157°
0.97 160°
0.98 164°
SCHIEBER-DIAGRAMM.
1 0 1 2 3 4 5 6 7 8 9 10 11 cm
Verlagsbuchhandlung v Julius Springer, Berlin N
Lith Inst v Fr Weissner, Berlin

Vorwort.

Das vorliegende Buch hat in der Gestalt, wie es hier erscheint, seine Entstehung dem Umstande zu verdanken, dass es vornehmlich dazu ausersehen ist, dem ausführenden Ingenieur eine einfache Methode für die Ermittelung aller Verhältnisse der Schieber- und Coulissensteurungen zu geben, ohne für die Untersuchungen letzterer kostspielige und in ihrem Gebrauche Zeitverlust herbeiführende Modelle zu bedürfen. Nächstdem soll es auch dazu bestimmt sein, den Studirenden technischer Lehranstalten eine umfassende Uebersicht aller die Verhältnisse der Schieber- und Coulissensteurungen beeinflussenden Umstände zu geben.

Ich habe der an mich ergangenen Aufforderung zur Uebernahme dieser Bearbeitung um so lieber entsprochen, als ich Ursache habe, anzunehmen, dass dieses Buch bei seiner Eigenthümlichkeit und trotz der vielen schon vorhandenen Darstellungen desselben Gegenstandes, auch in weiteren Kreisen, denen das Original nicht zugängig ist, werde auf Beifall zu rechnen haben.

Das Original ist unter dem Titel:

> *„The practical application of the slide valve and link motion to stationary, portable, locomotive and marine engines with new and simple methods for proportioning the parts. By William S. Auchincloss, C. E., etc."*

1869 in erster und 1883 in achter Auflage bei D. van Nostrand in New-York erschienen.

Der Hauptsache nach stellt diese deutsche Ausgabe eine sinngetreue Uebersetzung des Originales dar, bei welcher die Rücksicht vorgewaltet hat, die Klarheit und Fasslichkeit der Darstellung möglichst wieder zu geben. Abgesehen von den für unsere deutschen Mass- und Gewichtsverhältnisse nothwendig gewordenen Aenderungen habe ich mir nur ab und zu erlaubt, vom Text des Originals abzuweichen; sei es gewesen, um einer Betrachtung eine nahe liegende Folgerung anzuschliessen oder um mit Rücksicht auf deutsche Verhältnisse durch Zusätze und Anmerkungen solche mehr hervorzuheben. Wie vorsichtig ich indessen hierin gewesen bin, und wie sehr ich versucht habe, dem Inhalte des Buches nicht zu nahe zu treten, wird aus den dem Texte beigefügten Anmerkungen zu ersehen sein.

Die drei ersten Theile enthalten die Untersuchungen über die Bestimmungen der Cylinder- Schieber- und Excenterdimensionen; sie sind den Untersuchungen über Conlissensteurungen vorangestellt, weil diese im Wesentlichen unter der vereinigten Wirkung zweier Excenter stehen, und es daher zweckmässig schien, die Untersuchungen derselben mit denen der Wirkungsweise eines Excenters vorzubereiten. Hoffentlich aber wird auch der Inhalt dieser Theile für den erfahrenen Ingenieur von Interesse sein, sofern derselbe eine umfassende Uebersicht aller einfache Schiebersteurungen beeinflussenden Verhältnisse giebt und im Zusammenhange mit den Untersuchungen im vierten Theile über verstellbare Excenter, das Verständniss derjenigen der Coulissensteurungen wesentlich erleichtert. Die Verwendung der im zweiten und dritten Theile enthaltenen Kolbenweg-Tabellen für die Auffindung der einer gegebenen Kolbenstellung entsprechenden Excenterstellung kann nicht verfehlen, einer geometrischen Construction gegenüber Zeit zu ersparen. Mittelst des nach wenigen Uebungen in seiner Anwendung äusserst bequemen Schieber-Diagrammes lässt sich jede Dimension eines Schiebers bestimmen, ohne dabei die Geduld des Con-

structeurs durch eine verwickelte und in ihrem Resultate mög-
licherweise unsicher verlaufende Construction in Anspruch zu
nehmen.

Aus eigener Erfahrung ist mir bekannt, dass viele Ingenieure
für die genaue Untersuchung einer Coulissensteuerung die Anwendung eines Modelles unumgänglich nothwendig erachten, und
dass jedes andere für diesen Zweck verwendete Mittel mit Misstrauen angesehen wird. Soweit sich dieses Misstrauen gegen
eine auf Rechnung begründete Untersuchung richtet, ist dasselbe
voll berechtigt; denn die sorgfältigsten Untersuchungen hierfür
ergeben, dass es gänzlich unmöglich ist, auf rechnerischem Wege
diese Verhältnisse in einer für practische Verwendungen brauch-
baren Weise zu ermitteln. Jede hierfür angestellte Rechnung
hat immer sechszehn bis zwanzig veränderliche Grössen der
Steurung zu berücksichtigen, von welchen die meisten die Bewegungen der Coulisse beeinflussen und dabei Unregelmässigkeiten zeigen, für welche analytische Darstellungen unmöglich
werden.

Dagegen geben die Untersuchungen der Coulissensteuerungen
mit Hülfe geometrischer Constructionen, in der Weise, wie dieselben im sechsten Theile durchgeführt sind, vollkommen befrie-
digende und für practische Verwendungen brauchbare Resultate.
Die Methode dieser Constructionen ist für die Hervorbringung
bedingter Schieber und Coulissenbewegungen in umfassender
Weise durch alle wichtigen Lagen der Coulisse und ihres Aufhängepunktes in Zeichnungen dargestellt. Desgleichen ist in
sorgfältigster Weise die Verbindung der Excenterstangen mit
der Coulisse untersucht und mittelst Diagramme und Auffindung einer den strengsten Anforderungen genauer Bewegungs-
regulirung entsprechenden Coulissenform gezeigt.

Der sechste Theil enthält schliesslich eine kurze Abhand-
lung der Expansionssteurung mit zwei getrennten und unabhängig
von einander bewegten Schiebern, deren Regulirung, sowie all-

gemeine Angaben über schädliche Cylinderräume, Schieberrei-
bung und Verkleinerung des Schieberhubes. —

Somit übergebe ich diese deutsche Uebersetzung des Buches
dem technischen Publikum mit dem Bewusstsein, dass derselben
manche Unvollkommenheiten anhaften, aber trotzdem in der
Hoffnung, dass die gegebenen Methoden in vielen Fällen die
Untersuchungen der Schieber- und Coulissenbewegungen vereinfachen und Anregung zu ihren Verbesserungen geben werden.

Berlin, December 1885.

A. Müller.

Inhalt.

V. Theil.
Coulissensteurungen.

VI. Theil.
Expansionssteurung mit getrennten Schiebern, schädliche Dampfräume, etc.

I. Theil.

Vorbetrachtungen.

§ 1.

Kraft und Arbeit.

Wenn die Dimensionen einer zu erbauenden Dampfmaschine bestimmt werden sollen, hat man zuerst die Frage, welche Leistung die Maschine für die Ueberwindung eines vorhandenen Widerstandes oder einer gegebenen Arbeit erhalten muss, zu beantworten. Das Wort „Arbeit" — im Sinne der Mechanik angewendet — bezeichnet dabei die stetige Ueberwindung des Widerstandes längs eines gegebenen und in die Richtung des Widerstandes fallenden Weges. Das Product des Widerstandes in diesen Weg bestimmt die Grösse der Arbeit.

Die deutsche Gewichtseinheit ist das Kilogramm, die Masseinheit das Meter; man bezeichnet daher die Grösse einer Arbeit mit „Kilogramm-Meter" und versteht darunter das Product des Widerstandes in Kilogrammen und der Wegeslänge in Metern. Die Arbeit um ein Gewicht von 50 kg auf 20 m zu haben, ist daher:

$$50 \times 20 = 1000 \text{ kg} \times \text{m}.$$

Die englische Gewichtseinheit ist das Pfund, avoirdupoids $= 0{,}4536$ kg und die Masseinheit der Fuss $= 0{,}3048$ m. Die Grösse einer verrichteten Arbeit wird daher unter Zugrundelegung englischen Gewichtes und Masses durch eine gewisse Anzahl Fusspfunde angegeben.

Die vom Dampfe auf den Kolben einer Dampfmaschine übertragene Arbeit ist das Product aus dem mittleren, nutzbaren

Dampfdruck der ganzen Kolbenfläche und dem vom Kolben in einer gewissen Zeit durchlaufenen Wege. Als Mass für die Zeitdauer pflegt hierfür gewöhnlich die Minute gebräuchlich zu sein. Wird daher die Länge des Kolbenhubes mit der doppelten Anzahl der minutlichen Kurbelumdrehungen multiplicirt, so ist das Product der in einer Minute vom Kolben durchlaufene Weg.

Ist z. B. der mittlere, nutzbare Dampfdruck einer Maschine 4 kg pro qcm ihrer 500 qcm grossen Kolbenfläche, so ist der Gesammtdruck auf den Kolben:

$$4 \times 500 = 2000 \text{ kg.}$$

Bei einem Kolbenhube der Maschine von 0,5 m Länge und 60 Umdrehungen ihrer Kurbelwelle in der Minute, ist der vom Kolben in der Minute durchlaufene Weg:

$$0,5 \times 2 \times 60 = 60 \text{ m}$$

und daher die auf den Kolben in der Minute übertragene Arbeit:

$$2000 \times 60 = 120\,000 \text{ kg} \times \text{m.}$$

---

§ 2.
Pferdestärke.

Diejenige Arbeit, welche der Erhebung eines Gewichtes von 4500 kg auf 1 m in der Minute entspricht, bestimmt das Mass einer Pferdestärke.

Der Ausdruck „Pferdestärke" entstand zur Zeit der Erfindung der Dampfmaschine aus der Nothwendigkeit für deren Leistung einen Massstab zu gewinnen, und man unterschied dabei, je nach der Beurtheilung, unter „nomineller, indicirter und Nutz-Pferdestärke".

Die nominelle Pferdestärke diente in der ersten Zeit der Anwendung von Dampfmaschinen, in der durchweg Maschinen mit niedrigen Dampfspannungen und geringen Kolbengeschwindigkeiten in Gebrauch waren, zur Beurtheilung ihrer Leistungen. In neuerer Zeit, in welcher Dampfspannungen und Kolbengeschwindigkeiten wesentlich gesteigert worden sind, ist diese Bezeichnung ganz ausser Gebrauch gekommen.

Die Anzahl der indicirten Pferdestärken einer Dampfmaschine bezeichnet die Arbeitsleistung, welche die Maschine zur Ueberwindung ihrer eigenen Reibung und ihres Nutzwiderstandes bei normaler Geschwindigkeit aufbieten muss, und die durch Division der minutlich vom Dampf auf den Kolben übertragenen Arbeit in Kilogramm-Metern mit der Zahl 4500 erhalten wird. — Beträgt z. B. die vom Dampf auf den Kolben in der Minute übertragene Arbeit 120 000 kg × m, so ist die Anzahl der dieser Arbeit entsprechenden indicirten Pferdestärken:

$$\frac{120\,000}{4500} = 26{,}67.$$

Die Anzahl der „Nutzpferdestärken" oder „effectiven Pferdestärken" bestimmt die totale, nutzbringende Leistung einer Maschine oder die von der Kurbelwelle abgegebene Arbeitsleistung. Die Anzahl der Nutzpferdestärken ist daher stets gleich der Anzahl der indicirten Pferdestärken, wenn letztere um diejenige in Pferdestärken angegebene Arbeit vermindert wird, welche die Maschine für die Ueberwindung ihrer eigenen Reibung bei normaler Geschwindigkeit beansprucht. Der Betrag dieser Reibungsarbeit setzt sich aus zwei Theilen zusammen; der eine Theil ist die Leistung, welche die unbelastete Maschine für ihre Bewegung bei normaler Geschwindigkeit fordert, und die desswegen „Leergangsreibung" heisst, der andere Theil diejenige Leistung, welche bei zunehmender Belastung der Maschine auch zunimmt und „zusätzliche Reibung" genannt wird.

In Ermangelung genauer, durch Versuche ermittelter Werthe, ist es für die Bestimmung der Verhältnisse grosser Dampfmaschinen gebräuchlich, den durch die Leergangsreibung verursachten Verlust an Nutzspannung mit 0,14 kg pro qcm zu bemessen und für die zusätzliche Reibung vom verbleibenden Rest 7,5 Procent in Abzug zu bringen.

Ist z. B. der mittlere Dampfdruck im Cylinder einer solchen Maschine zu 4 kg pro qcm ermittelt, so ist für die Leergangsreibung 0,14 kg und für die zusätzliche Reibung:

$$(4,0 - 0,14)\ 0,075 = 0,29 \text{ kg,}$$

im Ganzen also:

$$0,14 + 0,29 = 0,43 \text{ kg pro qcm}$$

in Abzug zu bringen. Für die Nutzspannung des Dampfes verbleiben dann:

$$4,0 - 0,43 = 3,57 \text{ kg pro qcm.}$$

Bei kleinen Maschinen normaler Construction ist der Gesammttreibungsverlust indessen bedeutend grösser und steigt bis zu 15 oder 20 Procent der mittleren Dampfspannung. Für solche Maschinen beträgt beispielsweise bei 4 kg mittlerer Dampfspannung im Cylinder der ganze Reibungsverlust:

$$0,15 \times 4 \text{ oder } 0,2 \times 4 = 0,6 \text{ oder } 0,8 \text{ kg pro qcm,}$$

so dass für den nutzbaren Dampfdruck nur 3,4 oder 3,2 kg pro qcm verbleiben.

In England wird diejenige Arbeitsleistung mit einer Pferdestärke bezeichnet, welche der Erhebung von 33 000 Pfund auf 1 Fuss in der Minute entspricht. Durch Vergleich der englischen mit den deutschen Mass- und Gewichtseinheiten bestimmt sich die deutsche Pferdestärke zu 32 549 Fusspfund englisch; sie ist also etwa $\frac{1}{73}$ kleiner als die englische.

Die folgende Tabelle giebt einen Vergleich der deutschen und der englischen Pferdestärken.

Deutsche Pferdestärke.	Englische Pferdestärke.	Deutsche Pferdestärke.	Englische Pferdestärke.
5	4,93	55	54,25
10	9,86	60	59,18
15	14,79	65	64,11
20	19,73	70	69,05
25	24,66	75	73,97
30	29,59	80	78,91
35	34,52	85	83,84
40	39,45	90	88,77
45	44,38	95	93,70
50	49,32	100	98,63

§ 3.
Mittlere Nutzspannung des Dampfes.

Für die Bestimmung der Spannung des in den Cylinder tretenden Dampfes — der Eintrittsspannung — ist die genaue Kenntniss der vom Dampfkessel bis zum Dampfcylinder führenden Rohrleitung hinsichtlich deren Länge, Weite, Zahl der Krümmungen, deren Schutz gegen Wärmeverluste u. s. w. erforderlich, während für die Beurtheilung der „mittleren Nutzspannung" die Dauer des Dampfeintrittes und der dem Dampfaustritte sich entgegenstellende Widerstand in Betracht zu ziehen ist. Die Bestimmung der für die bedingte Leistung einer Maschine entsprechenden Dampfeintritts- oder Füllungsdauer kann, als dem eigentlichen Zwecke dieses Buches ferner liegend, hier nicht erfolgen, obgleich sich in späteren Betrachtungen zeigt, dass gewisse Methoden der Schieberbewegungen eine Begrenzung der Dampfeintrittsdauer bedingen. Für die Folge wird also diese Frage als beantwortet vorausgesetzt.

Sind Anfangsspannung des Dampfes und Füllungsdauer für eine Maschine bei gegebener Kesselspannung ermittelt, so kann die im Cylinder eintretende mittlere Spannung annähernd folgender Tabelle (S. 6) entnommen werden. Die erste Spalte derselben enthält die Dampfspannungen über den äusseren Luftdruck oder die einem Manometer zu entnehmenden Spannungen; die zweite die Temperaturen des Dampfes in Graden Celsius und die dritte das Gewicht eines Kubikmeters gesättigten Dampfes in Kilogrammen nach den Zeunerschen Ermittelungen. Die Werthe der mittleren, während eines Kolbenhubes durchschnittlich auf den Kolben wirkenden Dampfspannungen P^m sind unter Zugrundelegung des Mariotteschen Gesetzes aus der Beziehung:

$$P^m = \frac{P'(1 + \log nat . n)}{n}$$

berechnet, in welcher P' die Anfangsspannung des Dampfes bis zum Beginn der Expansion, 1 das Volumen des beim Beginn der Expansion im Cylinder eingeschlossenen Dampfes und n das

Eintritts-spannung P' in kg pro qcm.	Temperatur in Graden Celsius.	Gewicht eines Kubik-meters Dampfes in kg.	Mittlere Dampfspannungen P^m für verschiedene Cylinderfüllungen. Kolbenhub $= 1$.											
			0,2	0,25	0,3	0,333 $^1/_3$	0,4	0,5	0,6	0,67 $^2/_3$	0,7	0,75	0,8	0,9
1,5	127,8	1,434	0,78	0,9	0,99	1,05	1,15	1,27	1,36	1,41	1,43	1,45	1,47	1,49
2	133,9	1,702	1,04	1,19	1,32	1,4	1,53	1,69	1,81	1,87	1,9	1,93	1,96	1,99
2,5	139,2	1,968	1,3	1,49	1,65	1,75	1,92	2,12	2,27	2,34	2,37	2,42	2,45	2,49
3	144	2,23	1,57	1,79	1,98	2,1	2,3	2,54	2,72	2,81	2,85	2,9	2,94	2,98
3,5	148,3	2,491	1,83	2,09	2,31	2,45	2,68	2,96	3,17	3,28	3,32	3,38	3,43	3,48
4	152,2	2,75	2,09	2,39	2,65	2,8	3,07	3,39	3,63	3,75	3,8	3,86	3,91	3,98
4,5	155,9	3,007	2,35	2,69	2,98	3,15	3,45	3,81	4,08	4,22	4,27	4,35	4,4	4,48
5	159,2	3,263	2,61	2,98	3,31	3,5	3,83	4,23	4,53	4,69	4,75	4,83	4,89	4,98
5,5	162,4	3,518	2,87	3,28	3,64	3,85	4,22	4,66	4,99	5,15	5,22	5,31	5,38	5,47
6	165,3	3,771	3,13	3,58	3,97	4,2	4,6	5,08	5,44	5,62	5,7	5,79	5,87	5,97
6,5	168,2	4,023	3,39	3,88	4,3	4,55	4,98	5,5	5,89	6,09	6,17	6,28	6,36	6,47
7	170,8	4,275	3,65	4,18	4,63	4,9	5,37	5,93	6,35	6,56	6,65	6,76	6,85	6,96
7,5	173,4	4,525	3,91	4,48	4,96	5,25	5,75	6,35	6,80	7,03	7,12	7,24	7,34	7,46
8	175,8	4,774	4,18	4,77	5,29	5,6	6,13	6,77	7,25	7,5	7,6	7,73	7,83	7,96
8,5	178,1	5,023	4,44	5,07	5,62	5,95	6,52	7,2	7,71	7,97	8,07	8,21	8,32	8,46
9	180,3	5,27	4,70	5,37	5,95	6,3	6,9	7,62	8,16	8,43	8,55	8,69	8,81	8,95
9,5	182,4	5,517	4,96	5,67	6,28	6,65	7,28	8,04	8,61	8,9	9,02	9,18	9,3	9,45
10	184,5	5,764	5,22	5,97	6,61	7	7,67	8,47	9,07	9,37	9,5	9,66	9,79	9,95
Durchschnittliche Differenz:			0,26	0,3	0,33	0,35	0,38	0,42	0,45	0,47	0,48	0,49	0,49	0,5

Hubvolumen des Kolbens bezeichnet. Nach dem eben genannten Gesetze hat sich nach beendetem Kolbenhube das in den Cylinder getretene Dampfvolumen 1 auf das Volumen n ausgedehnt und die Anfangsspannung P' während dessen auf die Endspannung $\frac{P'}{n}$ verringert.

Wird von der hinter dem Kolben wirkenden mittleren Spannung des eingetretenen Dampfes die vor dem Kolben wirkende mittlere Spannung des austretenden Dampfes in Abzug gebracht, so ist der Rest die mittlere Nutzspannung P für jeden qcm der Kolbenfläche.

Für gut angeordnete Maschinen ohne Condensation beträgt die vor dem Kolben wirkende mittlere Spannung des austretenden Dampfes 0,07 bis 0,14, im Mittel 0,11 kg pro qcm.

Für Hochdruckmaschinen mit gewöhnlicher Schiebersteuerung giebt die folgende Tabelle genauere Werthe für die Bestimmung der mittleren Nutzspannung. Dieselbe vereinigt die von Gooch im Jahre 1851 durch 50 Versuche mit der Locomotive

„Great Britain" gewonnenen Resultate, bei welchen die Kesselspannung von 4,0 kg bis 10,7 kg pro qcm nach und nach gesteigert wurde.

Füllung Hub = 1.	Mittlere Nutz- spannung $\frac{P}{\text{Kesseldruck}} = 1.$	Füllung Hub = 1.	Mittlere Nutz- spannung $\frac{P}{\text{Kesseldruck}} = 1.$
0,1	0,15	0,45	0,62
0,125	0,2	0,5	0,67
0,15	0,24	0,55	0,72
0,175	0,28	0,625	0,79
0,2	0,32	0,667	0,82
0,25	0,4	0,7	0,85
0,3	0,46	0,75	0,89
0,333	0,5	0,8	0,93
0,375	0,55	0,875	0,98
0,4	0,57		

Ist z. B. die Kesselspannung einer mit 0,5 Füllung arbeitenden Dampfmaschine 6 kg pro qcm, so ist nach letzterer Tabelle der mittlere, im Cylinder auftretende Nutzdruck des Dampfes:

$$0{,}67 \times 5 = 3{,}35 \text{ kg pro qcm.}$$

---

§ 4.
Kolbengeschwindigkeit.

Die Bestimmung der Kolbengeschwindigkeit S, d. i. die Anzahl der Meter des vom Kolben in der Minute zurückgelegten Weges muss in jedem Einzelfalle der Beurtheilung des Constructeurs überlassen bleiben, weil dieselbe dem Zwecke der Maschine entsprechend gewählt und daher sehr verschieden in Anwendung gebracht werden muss.

Durchschnittlich giebt man:
Kleinen, stationären Maschinen eine Kolbengeschw. von . . . . 50— 70 m pro Min.

Grossen, stationären Maschinen eine Kolbengeschw. von . . . . 75— 90 m pro Min.
    (Selten mehr als 105 m)*)
Den Maschinen der Fluss- und Küstendampfer eine Kolbengeschw. von . 105—150 - - -
Den Maschinen der Oceandampfer eine Kolbengeschw. von . . . . . . 75—180 - - -
Stationären Corliss-Maschinen eine Kolbengeschw. von . . . . 120—150 - - -
    (Gewöhnlich 50 Umdrehungen pro Min.)
Locomotiven eine Kolbengeschw. von . . 180 - - -
    (Ausnahmsweise 210—240 m)
Der Allan-Dampfmaschine eine Kolbengeschwindigkeit von . . . . 180—240 - - -
    (Gewöhnlich die erstere Geschwindigkeit).

Es verdient hier hervorgehoben zu werden, dass auf der letzten Pariser Weltausstellung eine vorzüglich gearbeitete Maschine letzterer Art von Charles T. Porter mit der erstaunlich hohen Kolbengeschwindigkeit von 427 m = 1400 Fuss engl. pro Minute in dauerndem Betriebe war.

---

§ 5.

Kolbendurchmesser.

Ist die mittlere Nutzspannung P einer zu erbauenden Dampfmaschine von N indicirten Pferdestärken bekannt und bezüglich ihrer Kolbengeschwindigkeit S Bestimmung getroffen, so ist Alles gegeben, was zur Berechnung des nutzbaren Flächeninhaltes A

---

*) Anmerkung des Uebersetzers: Diese Geschwindigkeiten stationärer Maschinen werden in neuerer Zeit in Deutschland bei Anwendung hoher Dampfspannungen vielfach grösser genommen. Gut proportionirten und auf das Beste gearbeiteten Maschinen giebt man bis zu 80 P.S. etwa 100 m und grösseren bis zu 135 m minutlicher Kolbengeschwindigkeit, mit welchen dieselben bei sachgemässer Wartung in ungestörtem Betriebe anzutreffen sind.

des Dampfkolbens erforderlich ist. Dieselbe bestimmt sich in qcm aus der Gleichung:

$$A = \frac{4500 \times N}{S \times P}.$$

Wird dieser Fläche der halbe Querschnitt der Kolbenstange hinzugefügt, so erhält man ohne Weiteres aus der Summe beider Flächeninhalte mit Hülfe einer Kreisinhaltstabelle den gesuchten Durchmesser des Kolbens.

Ist z. B. für eine Maschine von 50 indicirten Pferdestärken die mittlere Nutzspannung zn 1,24 kg pro qcm und die Kolbengeschwindigkeit zu 93 m pro Minute bestimmt, so erhält der Kolben dieser Maschine einen nutzbaren Flächeninhalt von:

$$\frac{4500 \times 50}{1,24 \times 93} = 1951 \text{ qcm}.$$

Wird diese Fläche um den mittleren Querschnitt der auf der einen Seite des Kolbens etwa 5 cm, auf der anderen Seite etwa 4,3 cm starken Kolbenstange vergrössert, so entspricht derselben ein Durchmesser des Kolbens von 50 cm.

---

§ 6.
Kolbenhub.

Bezeichnet H die Länge des Kolbenhubes einer Maschine in Metern, n die Anzahl der minutlichen Umdrehungen ihrer Kurbelwelle, so ist:

$$H = \frac{S}{2 \times n}, \quad \text{und} \quad n = \frac{S}{2 \times H}.$$

Die Länge des Kolbenhubes wird meistens durch die Grösse des für die Maschine bestimmten Aufstellungsraumes begrenzt, auch häufig durch die Art und Weise der Kraftabgabe, Grösse der Kolbengeschwindigkeit, Herstellungskosten der Maschine u. s. w. bedingt und muss in jedem Einzelfalle unter Berücksichtigung der beeinflussenden Verhältnisse ermittelt werden. Auf welche Weise die Bestimmung des Kolbenhubes in einzelnen Fällen erfolgen kann, ist aus folgenden Beispielen zu ersehen.

Wenn die von einer Dampfmaschine aus mittelst Riemen direct zu betreibende electrische Lichtmaschine in der Minute 840 Umdrehungen machen soll, und die Verhältnisse des Aufstellungsraumes ein Uebersetzungsverhältniss zwischen beiden Riemenscheiben von 4 : 1 ins Langsame bedingen, muss die minutliche Umdrehungszahl der Maschine:

$$\mathrm{n} = \frac{840}{4} = 210,$$

und bei einer Kolbengeschwindigkeit von 151,2 m pro Minute der Kolbenhub der Maschine:

$$\mathrm{H} = \frac{151,2}{2 \times 210} = 0,36 \text{ m}$$

sein.

Soll ein Dampfschiff, dessen Schaufelraddurchmesser gegeben ist, bei einer ebenfalls gegebenen Kolbengeschwindigkeit der treibenden Maschine und einer bestimmten Anzahl Umdrehungen der Schaufelräder, eine bedingte Geschwindigkeit erhalten, so muss dem Kolbenhube der Maschine, wenn von den die Geschwindigkeit des Schiffes beeinflussenden Nebenumständen abgesehen wird, eine ganz bestimmte Länge gegeben werden.

Eine direct von der verlängerten Kolbenstange einer Kurbeldampfmaschine getriebene Pumpe verlangt für ihren regelmässigen Gang eine in bestimmten Grenzen gehaltene Kolbengeschwindigkeit. Auch die Hubzahl einer derartig bewegten Pumpe ist für die Erzielung eines bedingten Güteverhältnisses ihrer Wirkung eine begrenzte; sind aber Kolbengeschwindigkeit und Hubzahl einer Pumpe ermittelt, so sind damit auch Hublänge und Umdrehungszahl der dieselbe treibenden Dampfmaschine festgelegt. —

Soweit die Gesammtanordnung einer Dampfmaschine gestattet, ist im Allgemeinen bei Verwendung grosser Kolbengeschwindigkeiten stets gerathen, den Kolbenhub in einem stärkeren Grade wachsen zu lassen als die Umdrehungszahl der Kurbelwelle. Nur der Umstand, dass die Herstellungskosten langhübiger Maschinen grössere sind als diejenigen kurzhübiger, und dass Maschinen mit horizontaler Anordnung und langem Hube für ihre Aufstellung grössere Grundrissflächen erfordern als solche mit kurzem Hube, spricht gegen die Verwendung grosser Kolbenhübe und für Vermehrung der Kurbelumdrehungen.

Bei Locomotiven ist der Kolbenhub gewöhnlich 0,62 m und die Kolbengeschwindigkeit etwa 180 m pro Minute, während die Fahrgeschwindigkeit derselben — von der Stärke der Maschine und dem Durchmesser der Treibräder abhängig — zwischen 32 und 96 Kilometer pro Stunde schwankt.

Die folgende Tabelle giebt für verschiedene Fahrgeschwindigkeiten der Locomotiven und für verschiedene Durchmesser ihrer Treibräder die minutlichen Umdrehungen der letzteren, lässt dabei aber das Gleiten der Räder auf den Schienen unberücksichtigt.

Treibraddurch-messer in Metern	Fahrgeschwindigkeit in Kilometern pro Stunde.							Um-drehungen pro Kilometer.
	30	40	50	60	70	80	90	
1,2	133	177	221					265
1,3	123	163	204					245
1,4	114	152	189					227
1,5		142	177	212				212
1,6		133	166	199				199
1,7		125	156	187	218			187
1,8			147	177	205			177
1,9			140	168	195	223	251	168
2			133	159	186	212	239	159
2,1			126	152	177	202	227	152

Sobald es sich um Beurtheilung von Dampfmaschinen hinsichtlich ihrer Leistungen handelt, zieht man allgemein die Cylinderdurchmesser und Kolbenhübe in Vergleich. Es ist daher rathsam diese Dimensionen soweit wie möglich immer in ganzen Centimetern, ohne Bruchtheile derselben, anzugeben.

Die folgende Tabelle enthält für gegebene Kolbengeschwindigkeiten und Kolbenhübe die minutlichen Umdrehungen der Kurbelwellen stationärer und Schiffsmaschinen.

Kolbenhub in Metern.	Kolbengeschwindigkeit pro Minute in Metern.															
	60	65	70	75	80	85	90	95	100	105	110	115	120	125	130	135
0,4	75	81	88	94	100	106	113	119	125	131	138	144	150	156	163	169
0,45	67	72	78	83	89	94	100	106	111	117	122	128	133	139	144	150
0,5	60	65	70	75	80	85	90	95	100	105	110	115	120	125	130	135
0,55	55	59	64	68	73	77	82	86	91	96	100	105	109	114	118	123
0,6	50	54	58	63	67	71	75	79	83	88	92	96	100	104	108	113
0,65	46	50	54	58	62	65	69	73	77	81	85	88	92	96	100	104
0,7	43	46	50	54	57	61	64	68	71	75	79	82	86	89	93	96
0,8	38	41	44	47	50	53	56	59	63	66	69	72	75	78	81	84
0,9	33	36	39	42	44	47	50	53	56	58	61	64	67	69	72	75
1	30	33	35	38	40	43	45	48	50	53	55	58	60	63	65	68
1,1	27	30	32	34	36	39	41	43	45	48	50	52	55	57	59	61
1,2	25	27	29	31	33	35	38	40	42	44	46	48	50	52	54	56
1,3	23	25	27	29	31	33	35	37	38	40	42	44	46	48	50	52
1,4	21	23	25	27	29	30	32	34	36	38	39	41	43	45	46	48
1,5	20	22	23	25	27	28	30	32	33	35	37	38	40	42	43	45
1,6	19	20	22	23	25	27	28	30	31	33	34	36	38	39	41	42

§ 7.
Querschnitt der Dampfkanäle.

Alle Verhältnisse eines Dampfvertheilungsschiebers werden nächst der Füllungsdauer von den Querschnitten der Dampfkanäle beeinflusst. Es muss daher zweckmässig erscheinen, dieses Abhängigkeitsverhältniss — unter Beobachtung zu ermittelnder Regeln — für die Bestimmung der Schieberdimensionen in Anwendung zu bringen.

Der Hauptsache nach hängen die Querschnitte der Dampfkanäle ihrer Grösse nach von der Art ihrer Benutzung ab; Kanäle, die nur für den Dampfeinlass bestimmt sind, erhalten andere Abmessungen als solche, durch welche der Dampf sowohl eintreten als auch austreten soll. Da die Geschwindigkeit des in den Cylinder tretenden Dampfes, welche im Wesentlichen von der Höhe der Kesselspannung abhängt, grösser ist als die Geschwindigkeit des aus dem Cylinder entweichenden Dampfes, welche durch den abnehmenden Druck des im Cylinder begrenzten

Dampfvolumens bedingt ist, wird man, falls getrennte Kanäle für den Dampfeintritt und Austritt gewählt sind, denselben im Allgemeinen andere Dimensionen geben als solchen, durch welche sowohl der Dampf eintreten als auch austreten soll.

Will man einen Dampfcylinder mit getrennten Dampfeinlass- und Auslasskanälen versehen, so erhalten dieselben angemessene Weiten, wenn letztere die ersteren um einen, durch genaue Versuche ermittelten Betrag an Querschnitt übertreffen. Sollen dagegen die Kanäle des Cylinders den Dampf sowohl eintreten, als auch austreten lassen, so wird man mit einem Querschnitt der Kanäle von 0,04 der Kolbenfläche und einem Querschnitt des Dampfzuleitungsrohres von 0,025 der Kolbenfläche, — wie durch Versuche ermittelt ist — hinsichtlich ungehinderten Dampfeintrittes und Austrittes so lange gute Resultate erhalten, als die Kolbengeschwindigkeit der Maschine 60 m pro Minute nicht überschreitet. Für grössere Kolbengeschwindigkeiten, wie dieselben bei schnell gehenden stationären Maschinen und Locomotiven in Anwendung sind, müssen den Kanälen hiervon stark abweichende Querschnitte gegeben werden.

Im Jahre 1844 unternahmen Gouin und Le Chatelier, um für die Bestimmung des Querschnittes der Dampfkanäle sicheren Anhalt zu gewinnen, eine Reihe von Versuchen, die sechs Jahre später von Clark, Gooch und Bertera durch Versuche, welche man mit Betriebsmaschinen englischer Fabriken vornahm, noch vermehrt wurden. Clark untersuchte und ordnete die verschiedenen, gewonnenen Resultate und veröffentlichte dieselben dann in seinem beachtenswerthen Buche „Railway Locomotives". Aus diesen Versuchen hat sich ergeben, dass bei 180 m minutlicher Kolbengeschwindigkeit ein Kanalquerschnitt von 0,1 der Kolbenfläche einen guten, nur wenig gehinderten Dampfaustritt, ein Querschnitt des Dampfzuleitungsrohres von 0,08 der Kolbenfläche einen ungedrosselten Eintritt des Dampfes in den Schieberkasten und eine Eröffnung der Kanäle von 0,6 bis 0,9 ihrer Weite, je nach dem Feuchtigkeitsgrade des Dampfes, auch einen ungedrosselten Eintritt des Dampfes in Cylinder gestattet.

Auf Grund dieser Versuche ist die folgende Tabelle der

Dampfkanal- und Dampfrohrquerschnitte bei Annahme mittlerer Kolbengeschwindigkeiten unter den Voraussetzungen aufgestellt, dass der Querschnitt eines Dampfzuleitungsrohres von mittlerer Länge mit zunehmender Kolbengeschwindigkeit grösser genommen wird und für grössere Kolbengeschwindigkeiten gewöhnlich höhere Dampfspannungen in Anwendung sind.

Kolbengeschwindigk.	Kanalquerschnitt.	Dampfrohrquerschnitt.
60 m pro Min.	0,04 der Kolbenfl.	0,025 der Kolbenfl.
75 - - -	0,047 - -	0,032 - -
90 - - -	0,055 - -	0,039 - -
105 - - -	0,062 - -	0,046 - -
120 - - -	0,07 - -	0,053 - -
135 - - -	0,077 - -	0,06 - -
150 - - -	0,085 - -	0,067 - -
165 - - -	0,092 - -	0,074 - -
180 - - -	0,1 - -	0,08 - -

Nachdem man die Kanalquerschnitte bestimmt hat, ergeben sich Breite und Weite der Kanäle aus folgender Betrachtung. Legt man auf die Verwendung eines kurzen Schieberhubes Werth, so muss die Kanalbreite nahezu dem Cylinderdurchmesser und die Kanalweite S Fig. 1 gleich dem Quotienten aus dem Querschnittsinhalte des Kanales und der Kanalbreite genommen werden. Die Grenzen, bis zu welchen dann der Schieber die Kanäle für den Dampfeintritt mindestens zu öffnen hat, sind 0,6 bis 0,9 der Kanalweite S. Dabei ist der kleinste Schieberhub, der die bedingte Cylinderfüllung gestattet, so zu wählen, dass die Kanäle bis zu diesen Grenzen ihrer Weite geöffnet werden. Will man dagegen die Bewegungsänderungen des Dampfes im Verlaufe eines Kolbenhubes mehr hervortreten lassen, das Schliessen und Oeffnen der Dampfeinlasskanäle beschleunigen und dadurch dem Dampfe einen erleichterten Austritt verschaffen, so muss man dem Schieber einen grösseren als den erforderlich kleinsten Hub geben, dabei aber immer beachten, dass, so lange der Schieber den Kanal ganz oder wenig mehr als ganz öffnet, diese guten Eigenschaften der Dampfvertheilung vortheilhaft zur Wirkung gelangen, dass aber durch noch weitere Vergrösserung des Schieberhubes, wegen der unvermeidlich sich dann vermehrenden Reibungsarbeit des Schiebers und der den Schieber bewegenden Theile, diese Vortheile ganz oder theilweise wieder geopfert werden müssen. Ein kleiner Hub des Schiebers hat stets den Vortheil für sich, wenig Arbeit für seine Bewegung zu beanspruchen.

Hat der Kolben einer Dampfmaschine 50 cm Durchmesser, dessen wirksame Fläche 1951 qcm Inhalt, so muss bei 90 m minutlicher Kolbengeschwindigkeit nach vorstehender Tabelle der Kanalquerschnitt:

$$0{,}055 \times 1951 = 107{,}3 \text{ qcm}$$

Inhalt erhalten. Werden die Kanäle 46 cm breit gewählt, so ist deren erforderliche Weite:

$$S = \frac{107{,}3}{46} = 2{,}3 \text{ cm}$$

und die geringste Eröffnung derselben:

$$0{,}6 \times 2{,}3 \text{ bis } 0{,}9 \times 2{,}3 = 1{,}4 \text{ bis } 2{,}1 \text{ cm.}$$

Dem Dampfzuleitungsrohre würde dabei:

$$0{,}039 \times 1951 = 76{,}1 \text{ qcm}$$

Querschnitt und ein Durchmesser von 10 cm zu geben sein.

Wäre dagegen die Kolbengeschwindigkeit derselben Maschine 135 m pro Min., so müssten die Cylinderkanäle einen Querschnitt von:

$$0{,}077 \times 1951 = 150 \text{ qcm}$$

Flächeninhalt erhalten, denen bei 50 cm Breite, 3 cm Weite zu geben wäre. Die kleinste Eröffnung derselben dürfte 1,8 bis 2,7 cm nicht unterschreiten und das Dampfzuleitungsrohr nicht weniger als:

$$0{,}06 \times 1951 = 117 \text{ qcm}$$

Querschnitt, entsprechend einem lichten Durchmesser von etwa 12,5 cm, erhalten.

Den mit getrennten Einlass- und Auslasskanälen ausgestatteten Corliss-Maschinen wird gewöhnlich in den Einlasskanälen

$\frac{1}{15}$ bis $\frac{1}{16}$ und in den Auslasskanälen $\frac{1}{10}$ bis $\frac{1}{11}$ ihrer Kolbenflächen Querschnitt gegeben.

Bezüglich der Form der Schieberlappen und Trennungswände der Dampfkanäle ist Folgendes zu bemerken. Die Versuche von Weisbach, D'Aubuisson und Koch über Contractionen durch Kanalverengungen fliessender Flüssigkeiten haben erwiesen, dass die Contractionen für Gase und Wasser gleichen Gesetzen unterliegen, wenn auch die für den Ausfluss dieser Flüssigkeiten aus Kanalöffnungen gefundenen Formeln in ihren Coefficienten geringe Abweichungen zeigen. Das Characteristische des in Fig. 1 dar-

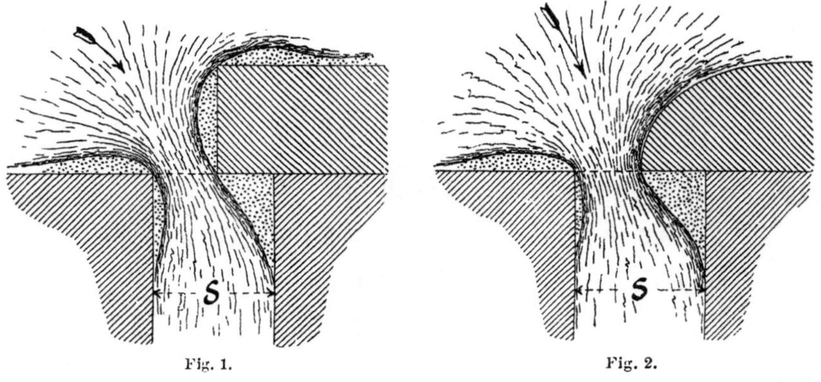

Fig. 1.   Fig. 2.

gestellten Dampfeintrittes ändert sich augenscheinlich mit der Grösse der Kanaleröffnung, sofern bei nur geringer Eröffnung der Dampf vergleichsweise wie durch eine dünne Platte, bei ganzer Eröffnung dagegen wie durch ein kurzes Ansatzrohr fliesst. Fig. 1 zeigt die natürliche Zusammenziehung des eintretenden Dampfes zwischen der Kanal- und der Schieberkante; dieselbe verschwindet mehr oder weniger, sobald die Kanten der Schieberlappen wie in Fig. 2 abgerundet werden, und der Dampfeintritt demjenigen genähert wird, der durch ein kurzes Rohrstück erfolgen würde. Die Abrundung der Schieberlappen sollte desswegen stets eine möglichst vollkommene sein, dabei aber doch weit genug oberhalb der Schieberfläche beginnen, um ohne Beeinflussung der übrigen Schieberverhältnisse eine Abnutzung der Gleitfläche bis zu dieser Abrundung zuzulassen.

Des Weiteren sollte stets jeder Versuch angestellt werden, den schädlichen Dampfraum in den Dampfkanälen soweit als möglich zu verringern, damit der aus der Berührung des Dampfes mit den Kanalwandungen entstehende Wärmeverlust klein wird. Die Dampfkanäle sind daher immer so kurz als möglich anzulegen, und wenn dieselben gekrümmt werden müssen, mit schlank verlaufenden Kurven zu begrenzen.

Es verdient hier bemerkt zu werden, dass bei der Anfertigung der Gussform eines Dampfcylinders grosse Sorgfalt auf die Kanten der Kanalwandungen im Schieberkasten verwendet werden muss, damit dieselben durch die Bearbeitung der Schieberfläche vollkommen dichte Oberflächen erhalten und scharf begrenzten Dampfeintritt und Austritt ermöglichen.

II. Theil.

Fundamentale Gesetze und allgemeine Verhältnisse einer einfachen Schiebersteuerung.

§ 8.
Beziehung zwischen Kolbenweg und Kurbelwinkel.

Die Untersuchung einer derartig verwickelten Bewegung, wie ein Steuerungsschieber dieselbe in Bezug auf die Kolbenbewegung einer Dampfmaschine vollführt, wird wesentlich vereinfacht, wenn zunächst von allen durch complicirte Constructionen auf die Bewegung hervorgerufenen Einflüssen abgesehen, und dieselbe so einfach dargestellt wird, dass deren fundamentale Gesetze sich leicht auffinden und übersichtlich darstellen lassen. Sind dieselben einmal ermittelt, so lassen sich alsdann die den verwickelteren Bewegungsverhältnissen der Schieber zu Grunde liegenden Gesetze von den ersteren leicht ableiten.

Da sich alle bei bestimmten Kolbenstellungen in der Dampfeinströmung und Ausströmung auftretenden Erscheinungen mit jedem Kolbenhube in derselben Aufeinanderfolge wiederholen müssen, so wird sich bei Annahme eines für alle Kolbenhube gültigen Massstabes, mittelst einer zu ermittelnden und für alle Fälle gültigen Formel, der Zeitpunkt des Eintretens dieser Erscheinungen feststellen lassen. Dieser für alle Kolbenhübe gültige Massstab soll in den folgenden Untersuchungen gleich Eins sein und dem entsprechend die Kolbenwege in Zehn- und Hunderttheilen des Hubes angegeben werden. Des Weiteren soll der Dampfcylinder stets rechts von der Kurbelwelle liegend gedacht und der zwischen letzterer und dem Dampfcylinder befindliche todte Punkt der Kurbel als der Nullpunkt der Kurbelbewegung für den Kolbenhingang angesehen werden.

Erfolgt die Bewegungsübertragung vom Kolben auf die Kurbel nicht durch die Vermittelung einer Treibstange, sondern durch eine den Kurbelzapfen umschliessende und mit der Kolbenstange verbundene Kurbelschleife, so muss eine solche Uebertragung der Bewegung als die einfachste bezeichnet werden, weil der Kurbelzapfen stets in gleichem Masse wie der Kolben fortschreitet, sobald die Wege des ersteren auf dem mit der Richtung der

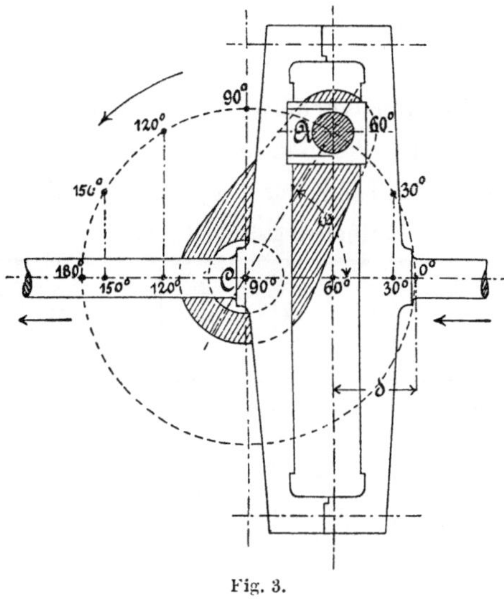

Fig. 3.

Kolbenbewegung zusammenfallenden Kurbelkreisdurchmesser gemessen werden.

Hat der Kolben seinen Hub vollendet, so hat die Kurbel sich um 180° gedreht; dabei entspricht jeder Stellung des ersteren ein ganz bestimmter Drehungswinkel der letzteren.

Bezeichnet ω den dem Kolbenwege s entsprechenden Kurbelwinkel, so bestehen zwischen beiden die Beziehungen:

$$s = \frac{1}{2}\,(1 - \cos \omega),$$

und

$$\cos \omega = 1 - 2\,s.$$

Die Resultate, welche die letztere Gleichung mit Hülfe einer Tafel der Cosinuswerthe giebt, sind in der folgenden Tabelle enthalten, aus der sich durch einfache Rechnung für gegebene

Kolbenwege die entsprechenden Kurbelwinkel oder umgekehrt für gegebene Kurbelwinkel die entsprechenden Kolbenwege bestimmen lassen.

Es sind z. B. die Kurbelwinkel, welche den Kolbenwegen von 12,4 cm und 43,4 cm einer Maschine von 62 cm Hub entsprechen, da:

$$\frac{12,4}{62} = 0,2 \text{ und } \frac{43,4}{62} = 0,7$$

ist, nach dieser Tabelle:

$$53,1^0 \text{ bezw. } 113,6^0$$

Umgekehrt sind die den Kurbelwinkeln von $66,4^0$ und $78,5^0$ derselben Maschine entsprechenden Kolbenwege:

$$0,3 \times 62 = 18,6 \text{ cm bezw. } 0,4 \times 62 = 24,8 \text{ cm.}$$

Kolbenweg-Tabelle A.

Kolbenweg $s.$	Kurbelwinkel $\omega.$	Kolbenweg $s.$	Kurbelwinkel $\omega.$	Kolbenweg $s.$	Kurbelwinkel $\omega.$
0,1	$36,8^0$	0,5	90^0	0,75	120^0
0,12	$40,5^0$	0,51	$91,2^0$	0,76	$121,3^0$
0,14	44^0	0,52	$92,3^0$	0,77	$122,7^0$
0,16	$47,2^0$	0,53	$93,4^0$	0,78	$124,1^0$
0,18	$50,2^0$	0,54	$94,6^0$	0,79	$125,5^0$
0,2	$53,1^0$	0,55	$95,7^0$	0,8	$126,9^0$
0,22	56^0	0,56	$96,9^0$	0,81	$128,3^0$
0,24	$58,7^0$	0,57	$98,1^0$	0,82	$129,8^0$
0,26	$61,3^0$	0,58	$99,2^0$	0,83	$131,3^0$
0,28	$63,9^0$	0,59	$100,4^0$	0,84	$132,9^0$
0,3	$66,4^0$	0,6	$101,5^0$	0,85	$134,4^0$
0,32	$68,9^0$	0,61	$102,7^0$	0,86	$136,1^0$
0,34	$71,3^0$	0,62	$103,9^0$	0,87	$137,7^0$
0,36	$73,7^0$	0,63	$105,1^0$	0,88	$139,5^0$
0,38	$76,1^0$	0,64	$106,3^0$	0,89	$141,3^0$
0,4	$78,5^0$	0,65	$107,5^0$	0,9	$143,1^0$
0,41	$79,6^0$	0,66	$108,7^0$	0,91	$145,1^0$
0,42	$80,8^0$	0,67	$109,9^0$	0,92	$147,1^0$
0,43	82^0	0,68	$111,1^0$	0,93	$149,3^0$
0,44	$83,1^0$	0,69	$112,3^0$	0,94	$151,7^0$
0,45	$84,3^0$	0,7	$113,6^0$	0,95	$154,2^0$
0,46	$85,4^0$	0,71	$114,8^0$	0,96	$156,9^0$
0,47	$86,6^0$	0,72	$116,1^0$	0,97	$160,1^0$
0,48	$87,7^0$	0,73	$117,4^0$	0,98	$163,7^0$
0,49	$88,9^0$	0,74	$118,7^0$	0,99	$168,5^0$

§ 9.
Beziehungen zwischen Schieber- Kolben- und Kurbelbewegung.

Die Bewegung der Steuerungsschieber erfolgt in den meisten Fällen durch ein auf der Kurbelwelle befestigtes Excenter, dessen Wirkungsweise mit derjenigen einer Kurbel von der Länge c b Fig. 4, gleich der Excentricität, übereinstimmt. Für die ein-

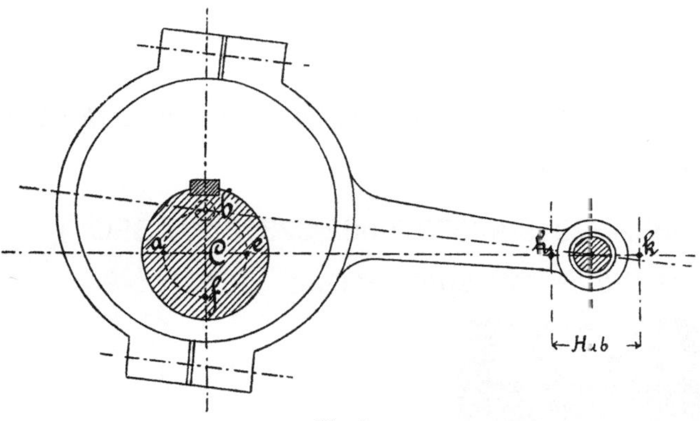

Fig. 4.

fachste Gestaltung der Bewegungsübertragung vom Excenter auf den Schieber ist aber in derselben Weise und aus demselben Grunde wie bei der Uebertragung der Bewegung vom Kolben auf die Kurbel eine den Excenterkurbelzapfen b umschliessende Kurbelschleife anzunehmen, die mittelst gleicharmigen Schwingehebels und Schieberstange die Bewegung des Schiebers veranlasst. Die bildliche Darstellung einer in dieser Weise angeordneten Schiebersteuerung zeigt Fig. 5, und Fig. 6 dieselbe in schematischer Form, wobei ergänzend zu bemerken ist, dass der Dampfcylinder mit seinen Kanälen S', S'' und E symmetrisch zur vertikalen Mittellinie C'' C'' gestaltet vorausgesetzt ist und beide Schwingehebelzapfen in vertikalen Schlitzen der Schieberstange und Kurbelschleifenstange gleitend gedacht sind.

Für die Untersuchung der in Bezug auf die Bewegung des Kolbens erfolgenden Schieberbewegung werde vorausgesetzt, der

Additional material from *Die practische Anwendung der Schieber- und Coulissensteuerungen,*

ISBN 978-3-662-32319-9 (978-3-662-32319-9_OSFO1),

is available at http://extras.springer.com

Kurbelzapfen stehe wie in Fig. 5, im todten Punkte rechts, im Nullpunkte seiner Bewegung und dementsprechend der Kolben in seiner äussersten Stellung rechts, im Punkte H. Die Bewegung der Kurbel erfolge in der Richtung des Pfeiles, entsprechend der Bewegung des Kolbens von H aus nach links. Der Schieber sei von der einfachsten Form, habe die kleinsten Dimensionen, welche für die Stellung des Kolbens in H weder Dampf durch den Kanal S' eintreten, noch solchen durch S'' austreten lassen, aber gleich im ersten Augenblicke nach erfolgter Bewegung des Kolbens sowohl den Eintritt des Dampfes in den Cylinder durch S' als auch den Austritt aus demselben durch S'' gestatten. Wie auch die Erscheinungen in der Dampfvertheilung auf dem Wege des Kolbens von H nach K sich gestalten, dieselben müssen sich nothwendigerweise auf dem Rückwege des Kolbens von K nach H in derselben Aufeinanderfolge wiederholen, so dass für die Ermittelung aller Erscheinungen in der Dampfeinströmung und Ausströmung nur erforderlich wird, die Bewegung des Kolbens auf seinem Hingange, in der Richtung von H nach K, zu untersuchen.

Wenn der Dampfeintritt gleich mit dem Beginn eines jeden Kolbenhubes erfolgen soll, so muss der Schieber — wie aus Fig. 5 ohne Weiteres ersichtlich ist — den Kanal S' in derselben Zeit öffnen und wieder schliessen, in welcher der Kolben seinen ganzen Hub von H nach K durchläuft. Während der Zeit also, in welcher der Kolben den Weg von H nach K zurücklegt, muss der Schieber nothwendigerweise die erste Hälfte seines Weges in der Richtung nach links, die zweite Hälfte in der Richtung nach rechts durchlaufen. Eine solche Bewegung des Schiebers in Bezug auf diejenige des Kolbens kann aber nur durch eine zur Richtung der Kolbenkurbel genau senkrecht gestellte Excenterkurbel erreicht werden, wenn deren Zapfen sich für eine Drehung der Kolbenkurbel in der Richtung des gezeichneten Pfeiles im Punkte f befindet.

Hat sich die Kurbel vom Nullpunkte aus in der Pfeilrichtung um 90° gedreht, so hat der Kolben die Hälfte seines Hubes zurückgelegt, ist von H aus bis zur Linie C'' C'' vorgeschritten. Der Zapfen der Excenter — oder Schieberkurbel hat sich während dessen auch um 90⁰ gedreht und sich von f nach k bewegt; der Schwingehebel ist aus der Lage e q in diejenige e′ q′ verschoben; das Schiebermittel ist um die Entfernung e e′ nach links ausgewichen, und der Kanal S′ durch den Schieber ganz geöffnet. In demselben Masse nun wie die Kurbel in ihrer Drehung von 90⁰ aus bis 180⁰ fortschreitet, und der Kolben die zweite Hälfte des Hubes in seinem Hingange zurücklegt, bewegt sich der Zapfen der Schieberkurbel von k nach b. Durch die Verbindung des letzteren mit dem Schieber wird der Kanal S′ allmählich durch den Schieber verengt, bis letzterer ganz geschlossen ist, sobald die Kurbel ihre 180⁰-Stellung erreicht hat, der Kolben in seiner äussersten Stellung links, im Punkte K angekommen ist, und der Schieber wieder dieselbe Stellung einnimmt, von der aus seine Bewegung ihren Anfang nahm. Beim Beginn des Kolbenrückganges von K nach H öffnet der Schieber den Kanal S″ in derselben Weise wie den Kanal S′ im Kolbenhingange, so, dass bei vollendetem Kolbenhube auch der Kanal S″ wieder durch den Schieber geschlossen ist. Bei dem jedesmaligen Beginn eines Kolbenhubes nimmt also der Schieber dieselbe und zwar seine mittlere Stellung ein.

Wenn die Maschine eine Umdrehung vollführt hat, ist der Cylinderraum J während des Kolbenrückganges mit Dampf angefüllt worden, für dessen Austritt der Schieber beim Beginn des von Neuem erfolgenden Kolbenhinganges den Ausweg herzustellen hat. Da nun der Schieber behufs Einlassung frischen Dampfes durch den Kanal S′ nach links ausweichen muss, so folgt, dass durch denselben gleichzeitig auch der Kanal S″ nach innen zu geöffnet und dadurch der Ausweg für den im Cylinder befindlichen Dampf hergestellt wird. In demselben Masse wie die Eröffnung des Eintrittskanales S′ mit zunehmender Länge des Kolbenweges bis zur Hälfte des Kolbenhubes zunimmt, von da wieder abnimmt und ganz aufgehoben ist, wenn der Kolben seinen Hub vollendet hat, vergrössert und verringert sich auch die Eröffnung des Auslasskanales S″, so, dass in der Stellung des Kolbens im Punkte K, beim Beginn des Rückganges, der Schieber wieder seine mittlere Stellung erreicht hat, um für den

Eintritt frischen Dampfes den Kanal S'' und für den Austritt des während des letzten Kolbenhinganges eingetretenen Dampfes den Kanal S' zu öffnen.

Diese Vorgänge in der Dampfvertheilung, wie dieselben durch einen Schieber mit den kleinsten Dimensionen und einfachster Gestaltung hervorgebracht werden, lassen sich also kurz dahin bezeichnen, „dass Dampfeinlass und Auslass bei jedesmaligem Beginn eines Hubes anfangen und während des ganzen Hubes andauern." Dabei nimmt der Schieber beim Beginn des Kolbenhubes seine mittlere Stellung ein; die Richtung des ihn bewegenden Excenters bildet mit der Richtung der Kolbenkurbel einen rechten Winkel, und die Excentricität oder die Länge der Schieberkurbel ist der Kanaleröffnung gleich.

Da die Ausnutzung der in öconomischer Beziehung so hochwichtigen Expansivkraft des Dampfes durch einen Schieber in dieser einfachsten Gestaltung nicht erfolgt, so bleibt dessen Anwendung für alle Maschinen, welche die Expansion des Dampfes ermöglichen sollen, ausgeschlossen. Damit aber ein Schieber die Expansion des Dampfes im Cylinder zulässt, ist derselbe so zu gestalten, dass, je nach Erzielung einer kleineren oder grösseren Expansionswirkung, der Dampfeintritt später oder früher im Verlaufe des Kolbenhubes aufgehoben wird. Das dann im Cylinder eingeschlossene Dampfquantum dehnt sich bis zum Inhalte des ganzen Hubvolumens des Kolbens aus und überträgt während dessen seine ihm innewohnende Expansivkraft auf den Dampfkolben. Wie die Grössenbestimmung des Schiebers und die Stellung des Excenters für die Erfüllung dieser Bedingung vorgenommen werden muss, ergiebt sich aus der folgenden Betrachtung.

Mit Bezug auf Fig. 6 werde angenommen, dass die Absperrung des Dampfes bei 0,93 des Kolbenhubes, entsprechend einem Kurbelwinkel von 150°, erfolgen solle. Gemäss dieser Annahme hat der Schieber den Kanal S' in der äussersten Stellung des Kolbens rechts, im Punkte H, zu öffnen, denselben so lange geöffnet zu halten, bis der Kolben 0,93 seines Hubes durchlaufen hat und ihn in diesem Augenblicke zu schliessen.

Da diesem Kolbenwege ein Kurbelwinkel von 150^0 entspricht, so folgt, dass die grösste Eröffnung des Kanals S', mithin auch die grösste Ausweichung des Schiebers nach links, bei einem Kurbelwinkel von $\frac{150}{2} = 75^0$ erfolgen muss, während gleichzeitig die Schieberkurbel die Richtung Ck einnehmen und ihr Zapfen sich rechts vom Wellenmittel C im todten Punkte k befinden muss. Anstatt also ein während des ganzen Kolbenhubes Dampfeinlass gebender Schieber einen Winkel von 90^0 zwischen den Richtungen der Kolben- und Schieberkurbel verlangt, bedingt der Schieber für eine Dampfabsperrung bei 0,93 des Hubes einen solchen Winkel von 75^0. Der Winkel nun, um welchen die Schieberkurbel behufs Erzielung einer früheren Dampfabsperrung als bei der Beendigung des Hubes der Kolbenkurbel genähert werden muss, — im vorliegenden Falle der Winkel von 15^0 — wird der „Voreilungswinkel" des Excenters genannt und für die Folge mit dem Buchstaben δ bezeichnet werden. Dieselbe Untersuchung für eine Dampfabsperrung bei einem Kurbelwinkel von 140^0 durchgeführt, ergiebt den Winkel $\delta = 20^0$ und ebenso für eine Dampfabsperrung bei 120^0 Kurbelwinkel den Winkel $\delta = 30^0$. Hieraus folgt, dass der Voreilungs-winkel gleich dem halben Supplement desjenigen Kur-belwinkels ist, bei welchem die Absperrung des Dampfes durch den Schieber erfolgen soll.

Wie aber aus den Figuren 5 und 6 ersichtlich ist, kann eine solche Vorstellung der Schieberkurbel nicht vorgenommen werden, ohne gleichzeitig die Schieberlappen zu verlängern; denn ohne Verlängerungen derselben würde unter sonst gleichen Umständen der Dampfeintritt und Austritt um einen Kurbelwinkel $= \delta$ früher erfolgen. Damit nun beim Beginn der Kolbenbewegung von H aus der Kanal S' und von K aus der Kanal S'' geöffnet wird, ist es erforderlich, gemäss der Bedingung nach gleichen vom Kolben in seinem Hin- und Rückgange durchlaufenen Wegen den Dampfeintritt abzusperren, beide Schieberlappen um die Länge l zu verlängern. Diese Verlängerungen der Schieberlappen werden „äussere Deckungen" und der, der Verlängerung 1 entsprechende Kurbelwinkel — im vorliegenden Falle der Winkel von 15⁰ — wird der „Deckungswinkel" genannt. Die Länge dieser Deckungen ist dabei die horizontale Entfernung des Mittels f″ des Schieberkurbelzapfens von der zur Richtung der Kolbenbewegung durch die Mitte C der Kurbelwelle gelegten lothrechten Linie.

Die Dampfvertheilung, welche durch den auf diese Weise veränderten Schieber und durch die um den Winkel δ verstellte Schieberkurbel herbeigeführt wird, ist mit Bezug auf Fig. 6 die Folgende. Beim Beginn des Kolbenhubes von H aus öffnet der Schieber den Kanal S′ für den Eintritt frischen Dampfes in den Cylinder. Dieser Dampfeintritt dauert so lange an, bis der Kolben 0,93 seines Hubes durchlaufen, die Kurbel den Winkel von 150⁰ zurückgelegt und der Schieber eben den Kanal S′ geschlossen hat. Bei dem weiteren Fortgange des Kolbens expandirt der im Cylinder eingeschlossene Dampf, bis bei einem Kurbelwinkel von 180 — 15 = 165⁰ der Schieber seine mittlere Stellung einnimmt, den Kanal S′ mit dem Auslasskanal E in Verbindung gebracht hat und somit den Austritt des nach oben vorher expandirenden Dampfes erfolgen lässt. Dieser vor Beendigung des Hubes beginnende Dampfaustritt, d. i. die „Vorausströmung" des Dampfes, nimmt also bei einem Kurbelwinkel von 165⁰ oder nach Zurücklegung eines Kolbenweges von 0,985 des Hubes seinen Anfang und dauert bis zum Ende desselben, bis zur Ankunft des Kolbens im Punkte K. Wird auf dem Rückgange des Kolbens von K nach H dieselbe Kolbenseite weiter verfolgt, so erkennt man, dass, so lange die Verbindung zwischen den Kanälen S′ und E besteht, auch der Austritt des Dampfes durch beide erfolgt und nicht eher aufgehoben wird, bis der Schieber seine mittlere Stellung im Kolbenrückgange bei 180 — 15 = 165⁰ wieder einnimmt. Durch den sich weiter rückwärts bewegenden Kolben wird der im Cylinder eingeschlossene Dampf zusammengedrückt, bis ersterer seinen Rückgang vollendet hat, und der Schieber für den jetzt von Neuem beginnenden Kolbenhingang durch den Kanal S′ wieder frischen Dampf in den Cylinder gelangen lässt, der sich dann mit dem eben vorher vom Kolben auf der letzten Strecke seines Rückganges comprimirten Dampfe mischt.

Die ganze Wirkungsweise des Schiebers lässt sich auch dahin bezeichnen, dass während eines Kolbenweges vom Beginn bis zu 0,93 des Hubes frischer Dampf in den Cylinder tritt, in der darauf folgenden Wegesstrecke von 0,93 bis 0,985 oder 0,055 des Hubes der Dampf expandirt und von da ab bis zum Ende des Kolbenhubes, während eines Kolbenweges von 0,015 des Hubes die Vorausströmung des Dampfes erfolgt. Dass ferner während des Kolbenrückganges die Dampfausströmung vom Anfang bis zu 0,985 des Hubes anhält und von da ab bis zu Ende desselben, also während eines Kolbenweges von 0,015 des Hubes die Compression des Dampfes erfolgt. Der Voreilungswinkel der Schieberkurbel ist hierbei 15° und die Länge derselben gleich der grössten Kanaleröffnung plus der Deckungslänge l.

Aus dem Vorigen folgt, dass, wenn einem Schieber die dem jedesmaligen Voreilungswinkel entsprechende Deckungslänge gegeben ist, die Expansion des Dampfes um so früher im Verlaufe des Kolbenhubes beginnt, je grösser der Voreilungswinkel δ ist, dass für $\delta = 15°$ die Expansion bei einem Kurbelwinkel von 150°, für $\delta = 20°$ bei 140°, für $\delta = 25°$ bei 130° u. s. w. ihren Anfang nimmt. Dass ferner ein Schieber ohne innere Deckungen die Vorausströmung des Dampfes auf der einen und die Compression auf der anderen Kolbenseite für eine Zeitdauer bemisst, in welcher die Kurbel den Winkel δ durchschreitet, und dass die Compression dabei stets so lange anhält, bis sich der Einlasskanal beim Beginn eines neuen Hubes für den Eintritt frischen Dampfes wieder öffnet. Dem Dampfkolben stellt sich daher in Folge des sich comprimirenden Dampfes in seiner Bewegung durch die letzte Strecke des Hubes ein Widerstand entgegen, der um so grösser wird, je grösser δ ist. Dieser Compressionswiderstand, sobald derselbe den Verhältnissen der Maschine richtig angepasst ist, hilft beim Durchgange der Kurbel durch die todten Punkte in vortheilhafter Weise die lebendige Kraft der sich hin und her bewegenden Theile der Maschine überwinden, indem derselbe um so grösser wird, je mehr der

Kolben sich dem Ende seines Hubes nähert und das Bestreben
zeigt, die Bewegung des Kolbens am Ende jedes Hubes in den
Zustand der Ruhe gelangen zu lassen. Derselbe Widerstand aber
wird für den Gang der Maschine nachtheilig, sobald derselbe eine
Höhe erreicht, die dem gleichförmigen Gange der Maschine hinderlich wird und mit der öconomischen Leistung derselben nicht
vereinbar ist. Aus diesem Grunde sind der Anwendung des
durch ein Excenter bewegten und Expansion herbeiführenden
einfachen Schiebers Grenzen gezogen, die — wenn von vereinzelten Fällen abgesehen wird — selten mit Vortheil einen früheren
Expansionsanfang als bei 0,65 des Hubes gestatten. Kleinere
Füllungen als solche erfordern in der Regel zwei getrennte, durch
Excenter bewegte Schieber, von welchen der eine die Expansion regulirt, der andere den Ein- und Austritt des Dampfes
erfolgen lässt. Die hierauf bezüglichen, ausführlichen Untersuchungen werden Gegenstand der Betrachtungen im VI. Theile
dieses Buches sein.

———

§ 10.

Schieber-Diagramm.

Die aus den Untersuchungen des vorigen § gewonnenen Re-
geln für die Bestimmung gewissen Bedingungen entsprechender
Schieberverhältnisse können auch für die Construction eines
Diagrammes benutzt werden, aus dem sich jede gewünschte
Dimension eines einfachen Schiebers unmittelbar entnehmen
lässt.

Wenn EFD (Fig. 7) der Weg ist, den das Mittel eines
Schieberkurbelzapfens oder die Excentricität eines Excenters
während einer halben Kurbelumdrehung durchläuft, und die Länge
der Schieberkurbel oder die Excentricität $CD = 6$ cm ist, so muss
der Schieberhub $ED = 12$ cm sein. Für die Lage des Kolben-
kurbelzapfens im todten Punkte giebt die in C senkrecht zu
DE gestellte Linie CF die Richtung der Schieberkurbel für
einen Schieber ohne Deckungen an; sie ist also die Linie, von

der aus für Schieber mit Deckungen die Längen derselben zu
messen sind.

Verlängert man CF bis zu einem beliebig gewählten Punkte A,
verbindet denselben mit dem Punkte D, theilt CA in eine beliebige Anzahl gleicher Theile und legt durch diese Theilpunkte par-

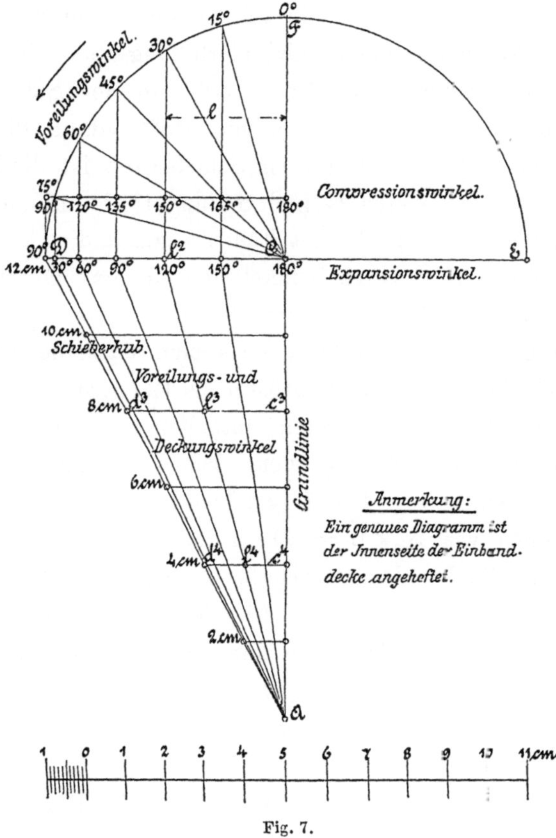

Fig. 7.

allele Linien bis zu AD, so stellen dieselben hinsichtlich ihrer
Längen, in dem direkten Verhältniss ihrer Entfernungen von der
Hublinie DE, kleinere Schieberhübe dar. Theilt man hierauf den
Viertelkreis DF in Grade, projicirt die Theilpunkte auf CD, verbindet dieselben mit A durch gerade Linien und berücksichtigt,
dass der halbe Schieberhub gleich der äusseren Deckung plus
der Kanaleröffnung ist, so erkennt man, dass die normale Ent-

fernung eines beliebigen Punktes jeder dieser nach A gelegten Linien die äussere Deckung l angiebt, welche einem Schieber für eine verlangte Cylinderfüllung zu geben ist, während die Entfernung desselben Punktes von der Linie AD — parallel zur Linie CD gemessen — die dem Voreilungswinkel δ und der Deckungslänge l entsprechende Eröffnung des Dampfkanales ist.

Für einen Schieberhub von 12 cm und eine dem Kurbelwinkel von 120⁰ entsprechende Cylinderfüllung muss die Schieberkurbel einen Voreilungswinkel von 30⁰ und der Schieber eine Deckung von der Länge $l^2\,C$ erhalten, wofür dann die grösste Kanaleröffnung $l^2\,D$ ist. Bei 8 cm Schieberhub ist die Deckung des Schiebers für dieselbe Cylinderfüllung $l^3\,c^3$ und die grösste Kanaleröffnung $l^3\,d^3$. In beiden Fällen beginnt die Compression bei $180 - 30 = 150^0$ Kurbelwinkel und dauert während einer Kurbeldrehung von $180 - 150 = 30^0$ an.

Aus Fig. 7 ist zu ersehen, dass man dasselbe Diagramm auch für Schieberhübe, welche grösser als 12 cm sind, verwenden kann, sobald die in demselben enthaltenen Schieberhübe als Theile grösserer angesehen werden. Ein 4 cm langer Schieberhub kann für einen von $4 \times 7 = 28$ cm Länge, ein solcher von 5 cm für einen von $5 \times 6 = 30$ cm Länge u. s. w. verwendet werden, wenn die dem Diagramme für 4, bezw. 5 cm Schieberhub zu entnehmenden Deckungen und Kanaleröffnungen mit 7, bezw. 6 multiplicirt werden. Dasselbe kann auch mit Schieberhüben, welche kleiner sind als die im Diagramme enthaltenen, vorgenommen werden, so dass letzteres also in allen Fällen anwendbar ist.

Ein gerader Streifen Papier und ein Bleistift sind die alleinigen für den Gebrauch des Diagrammes erforderlichen Hülfsmittel, wie aus folgendem Beispiel zu ersehen ist.

Die grösste Eröffnung des Dampfeintrittkanals einer Maschine soll 3,2 cm sein und die Expansion bei 0,82 des Kolbenhubes beginnen. Mit Hülfe des Schieber-Diagrammes soll ermittelt werden, wie gross der Voreilungswinkel δ des Excenters, die äussere Deckung und der Hub des Schiebers zu nehmen ist, und bei welcher Kolbenstellung oder welchem Kurbelwinkel Compression und Vorausströmung beginnen.

Die Kolbenweg-Tabelle A giebt für einen Kolbenweg von 0,82 des Hubes 130° Kurbelwinkel, folglich ist der für den verlangten Anfang der Expansion erforderliche Voreilungswinkel:

$$\delta = \frac{180° - 130°}{2} = 25°,$$

(siehe die Linie CD des der Innenseite der Einbanddecke angehefteten Diagrammes).

Die verlangte grösste Kanaleröffnung trage man auf die Kante eines geraden Streifen Papieres mit der Länge a b = 3,2 cm, wie in Fig. 8 geschehen ist, lege hierauf den Papierstreifen auf

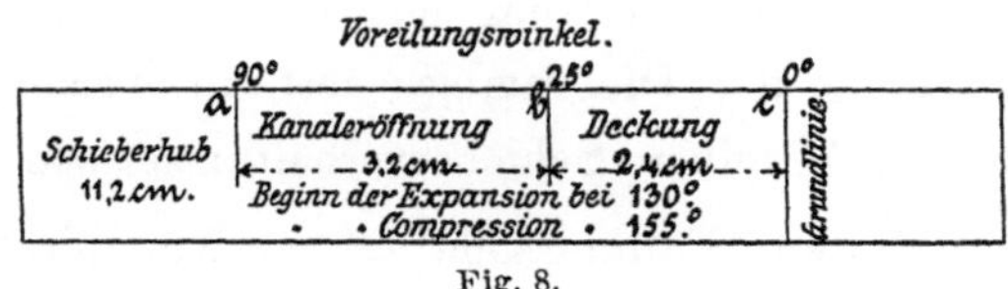

Fig. 8.

das Diagramm, mit dem Punkte a auf die 90° Linie C A und bewege denselben parallel zur Linie CD dahin, wo der Punkt b genau in die 25° Linie des Voreilungs- oder Deckungswinkels fällt. In dieser Lage des Papierstreifens bezeichnet die Vorderkante desselben diejenige Hublinie, welche der verlangten Kanaleröffnung und Cylinderfüllung entspricht und die mit ihrer Länge den Hub des Schiebers zu 11,2 cm bestimmt. Nachdem man auch den Kreuzungspunkt c der Vorderkante des Papierstreifens mit der Grundlinie BD bezeichnet hat, findet man durch Messung der Entfernung b c mit dem beigefügten Massstabe die der Kanaleröffnung und Füllung entsprechende Länge der äusseren Deckung des Schiebers, zu 2,4 cm*). Wie dem Diagramme

---

*) Anmerkung des Uebersetzers: Genauer, wenn auch nicht so bequem findet man mit Hülfe des Schieber-Diagrammes die für eine gegebene Kanaleröffnung und Cylinderfüllung erforderliche äussere Deckung des Schiebers, indem man die Kanaleröffnung von D aus auf DC abträgt und durch diesen Theilpunkt eine Parallele zu CA bis zum Schnittpunkt derselben mit der dem Expansionsanfange entsprechenden Linie des Voreilungswinkels legt.

ferner unmittelbar zu entnehmen ist, beginnt die Compression des Dampfes auf der einen und die Vorausströmung auf der anderen Kolbenseite bei einem Kurbelwinkel von:

$$180 - 25 = 155^0,$$

oder nach einem Wege des Kolbens, der 0,95 des ganzen Hubes beträgt. Die ermittelten Resultate sind:

Schieberhub $= 11,2$ cm;

Voreilungswinkel $\delta = 25^0$;

Aeussere Deckung $= 2,4$ cm;

Beginn der Compression und der Vorausströmung bei 0,95 und Dauer derselben während eines Kolbenweges von 0,05 des Hubes.

Der Leser wird durch Lösung mehrerer Aufgaben sehr bald mit der Anwendung des Diagrammes vertraut werden; man ermittele desswegen dieselben Schieberverhältnisse wie vorhin:

1. für 60 Prozent Füllung und 2,1 cm Kanaleröffnung;
2. - 70 - - - 2,8 - - - ;
3. - 75 - - - 3,5 - - - ;
4. - 85 - - - 4,2 - - - .

---

§ 11.
Drehungsrichtung der Kurbel.

Die Richtung, nach welcher sich die Kurbel einer Dampfmaschine drehen soll, ist von zwei Bedingungen abhängig. Die eine derselben bezieht sich auf das Vorhandensein oder Fehlen eines Excenter- und Schieberbewegung vermittelnden Schwingehebels, die andere auf die Stellung des Voreilungswinkels in Bezug auf die Lage der Mittellinie der Schieberbewegung. Beide Bedingungen lassen sich in einfachster Weise und übersichtlich durch das Diagramm in Fig. 9 darstellen, in welchem das (+) Zeichen eine Drehungsrichtung der Kurbel im Sinne der Zeiger-

---

Die Entfernung dieses Schnittpunktes von der Grundlinie BD des Diagrammes ist dann die gesuchte äussere Schieberdeckung.

drehung einer Uhr, das (−) Zeichen die entgegengesetzte Richtung bezeichnet.

Für die positive Drehungsrichtung einer Maschine, deren Excenter durch Vermittelung eines Schwingehebels auf den Schieber wirkt, ist bei Stellung der Kurbel im Nullpunkte der Voreilungswinkel δ von der Linie bf ab in den 1. Quadranten, für eine negative Drehungsrichtung in den 4. Quadranten zu legen. Fehlt der Schwingehebel, wirkt das Excenter durch die Excenterstange unmittelbar auf den Schieber, so ist für die positive

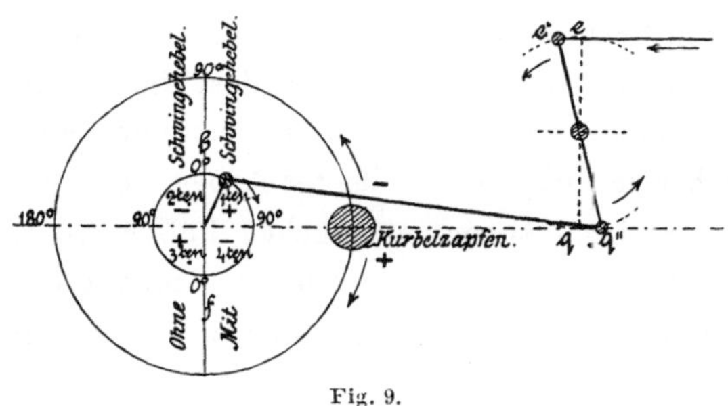

Fig. 9.

Drehungsrichtung der Voreilungswinkel von bf ab in den 3. und für die negative Drehungsrichtung in den 2. Quadranten zu legen. Die Gründe für diese Stellungen des Voreilungswinkels sind ohne Weiteres aus Fig. 9 ersichtlich, sobald die Bewegungen des Excenters in Bezug auf diejenigen des Schiebers in Betracht gezogen werden.

Wenn die Kraft einer Maschine durch Riemen oder Seile auf ein Vorgelege übertragen werden soll, ist die Drehungsrichtung der Maschine stets so zu wählen, dass die ziehenden Riemen- oder Seilstränge die unteren Flächen der Scheiben berühren, damit wegen der grösseren Durchhängung der gezogenen Stränge von den Riemen oder Seilen grössere Bögen der Scheiben berührt werden, und die Reibung auf den letzteren dadurch vergrössert wird.

Wenn sonst die Verhältnisse gestatten, sollte bei liegenden, stationären Maschinen die Drehungsrichtung stets so gewählt werden, dass sich der Druck des Kreuzkopfes auf die untere

Gleitbahn legt, und die Inanspruchnahme des die Maschine unter-
stützenden Fundamentes dadurch möglichst günstig wird.

---

§ 12.
Lineare Voreilung.

Nach längerem Gange jeder Maschine haben die Zapfen der
Kurbel und des Kreuzkopfes, sowie die Lagerschalen dieser
Zapfen in Folge der immerwährenden Reibungen Abnutzungen
erlitten, die zu Spielräumen zwischen Zapfen und Lagern geführt
haben. Ist auf die Herstellung einer Maschine keine besondere
Sorgfalt verwendet, so können solche Lagerspielräume nicht allein
von Anfang her in Folge mangelhafter Arbeit vorhanden gewesen
sein, sondern es kann sogar in manchen Fällen, in welchen bei
nicht ganz genauer Stellung des Kurbelzapfens ein Heisslaufen
desselben vermieden werden soll, nothwendig werden solche zu
schaffen. In jedem Falle aber vergrössern sich diese Spielräume
nach der Inbetriebsetzung der Maschine um so mehr, je weniger
die für Zapfen und Lager verwendeten Materialien dafür geeignet sind.

Bei jeder normal gebauten, mit einer bestimmten Geschwindigkeit arbeitenden Maschine suchen die hin und her sich bewegenden Massen des Kolbens, der Kolbenstange, des Kreuzkopfes und der Treibstange während der ersten Hubhälfte die
Kolbengeschwindigkeit zu verzögern und während der zweiten
zu beschleunigen. Vereinigt man in den einzelnen Kolbenstellungen die den Verzögerungen und Beschleunigungen entsprechenden Kolbendrücke ihrer Grösse nach mit den in denselben
Stellungen auf den Kolben wirkenden Dampfdrücken, so findet
man, dass gegen das Ende eines jeden Kolbenhubes ein Richtungswechsel des Kolbendruckes auftritt. Wird dabei angenommen, dass in den Triebstangenlagern die vorhin genannten
Spielräume entstanden sind oder von Anfang an vorhanden waren,
so wird die Folge sein, dass von derjenigen Kolbenstellung ab,
in welcher dieser Richtungswechsel des Kolbendruckes eintritt,
der Kolben mit seiner Stange nicht mehr dem Zwange der Kurbel-

bewegung folgt, sondern vom Dampfdruck allein getrieben, diesen
Spielraum durcheilt und alsdann die dem Kurbelzwange folgenden
Theile mit einem Stosse trifft.

Die auf diese Weise hervorgerufenen Stösse treten gegen
das Ende des Hubes mit vernehmbarem Geräusch auf und sind
im Allgemeinen um so heftiger, je grösser die Kolbengeschwindigkeit, der Lagerspielraum und das Gewicht der sich hin und
her bewegenden Theile der Maschine ist*).

Um sich gegen diese der Maschine stets nachtheilig werdende Stösse zu sichern, kann man sich zweier Mittel bedienen.

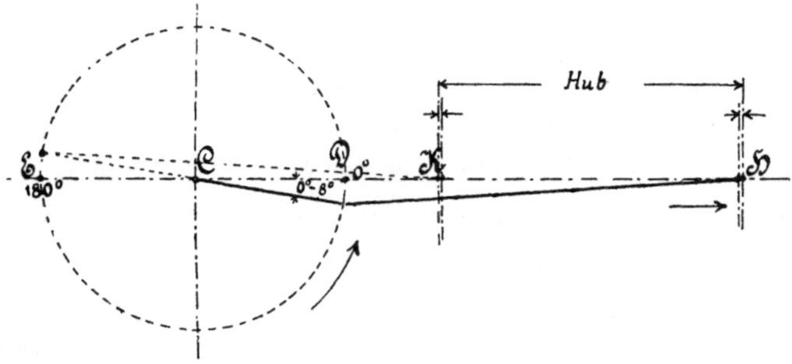

Fig. 10.

Das eine derselben ist die genaueste und vollkommenste Anfertigung aller sich bewegenden Theile der Maschine; besonders ist
die exacteste Anfertigung der Treibstangenlager, des Kurbelzapfens und des Kreuzkopfes dann von wirksamen Einfluss auf
die Verminderung der auftretenden Stösse, wenn diesen Theilen
verhältnissmässig grosse Stärken und allen Zapfenlagern gute
Nachstellungen gegeben werden, die jederzeit ermöglichen auch
die kleinsten Spielräume unschädlich zu machen. Das andere
Mittel beruht auf der Anwendung eines sich der lebendigen Kraft

---

*) Anmerkung des Uebersetzers: Ausführlicher wird dieser Gegen-
stand behandelt von:

Otto Köhler in einem Aufsatze über schnell gehende Dampfmaschinen in
der Zeitschrift des Vereines deutscher Ingenieure, Jahrgang 1880, pag. 19,
und von:

Radinger in seinem Buche über Dampfmaschinen mit hoher Kolbengeschwindigkeit.

der Masse des Kolbens mit Zubehör entgegenstellenden Widerstandes, der hinreichend gross ist, um vor Beendigung des Hubes diese Kraft vollständig aufzuheben. Dieser Widerstand wird durch Eröffnung des Einlasskanales kurz vor Beendigung des Kolbenhubes für den Eintritt frischen Dampfes in den Cylinder hervorgerufen, wenn dabei der Zeitpunkt und die Weite der Kanaleröffnung in einer für die Verhältnisse der Maschine passenden Weise gewählt ist. Die Weite der für diesen Zweck erforderlichen Eröffnung des Einlasskanales wird die „lineare Voreilung" und der dieser Eröffnung entsprechende Kurbelwinkel der „lineare Voreilungswinkel" genannt.

Das erstere der beiden genannten Mittel zur Verhinderung der durch Lagerspielräume veranlassten Stösse ist bei kleinen Maschinen practisch durchführbar, dagegen erfordern grosse Maschinen stets die Anwendung beider Mittel, weil solche, selbst mit den geringsten Spielräumen, den heftigsten und gefahrbringendsten Stössen ausgesetzt werden.

Wie vorhin bemerkt wurde, beeinflussen die Lagerspielräume, die Kolbengeschwindigkeit und das Gewicht der sich hin und her bewegenden Theile einer Maschine die Heftigkeit der auftretenden Stösse. Um daher letzteren entgegenzutreten, wird man für verschiedene Maschinen und je nach der Geschwindigkeit ein und derselben Maschine die lineare Voreilung stets verschieden gross bemessen müssen. Man wird desswegen für eine zu erbauende Maschine dieselbe im Voraus gar nicht ermitteln können, sondern nur auf dem Wege des Versuches, nach der Ingangsetzung derselben dadurch zu einem richtigen Resultate gelangen, dass man durch allmählige Vergrösserung des Voreilungswinkels schliesslich eine Excenterstellung mit solcher linearen Voreilung findet, welche den tadellosen Gang der Maschine herbeiführt.

Obgleich der durch vorzeitigen Schluss des Dampfaustrittkanales hervorgerufenen Compressionswirkung bereits Erwähnung geschehen ist, muss dennoch hier hervorgehoben werden, dass durch diese Wirkung allein, ohne diejenige zu Hülfe zu nehmen, welche in Folge der durch die lineare Voreilung veranlassten Voreinströmung des Dampfes auftritt, die schädlichen Folgen einer todten Kolbenbewegung nicht aufgehoben werden können. Es kennzeichnet dieser Umstand den Unterschied zwischen der Wirkung der Compression und der der linearen Voreilung; letztere sollte immer von der Grösse gewählt werden, dass sie erstere soweit ergänzt, wie es der tadellose Gang der Maschine verlangt.

Die Grenzen des linearen Voreilungswinkel liegen bei normal gebauten, stationären Maschinen gewöhnlich zwischen 0^0 und 8^0; für einen gegebenen Winkel ist dann die grösste Kanaleröffnung vom Schieberhube und demjenigen Kurbelwinkel abhängig, bei welchem die Expansion des Dampfes beginnen soll. In jedem Einzelfalle ist bei der Wahl des linearen Voreilungswinkels zu berücksichtigen, dass derselbe um so grösser zu nehmen ist, je grösser die schädlichen Räume des Dampfcylinders und der Einlasskanäle sind, und dass sein Einfluss auf die Gleichförmigkeit der Kurbeldrehung verschwindend klein bleibt, so lange seine Grösse nur wenige Grade beträgt.

Um die Verwendung des im § 10 erklärten Schieber-Diagrammes, auch die Bestimmung der Dimensionen und Verhältnisse solcher Schieber zu zeigen, welche mit linearer Voreilung versehen werden sollen, denke man sich den Voreilungswinkel δ des Schiebers in Fig. 6 um 5^0 vergrössert. In Folge hiervon wird der Schieber den Kanal statt bei 150^0 schon bei 145^0 Kurbelwinkel schliessen und die Wiedereröffnung statt im todten Punkte, 5^0 vorher eintreten lassen. Denkt man sich hierauf die äussere Deckung des Schiebers um 5^0 verkleinert und gleichzeitig den Voreilungswinkel δ nochmals um 5^0 vergrössert, so wird der Einlasskanal wiederum bei 150^0 geschlossen, während derselbe 10^0 vor Beginn des Hubes für den Einlass frischen Dampfes bereits geöffnet wird. Will man daher einen Schieber mit einer in Graden angegebenen linearen Voreilung versehen, ohne den Anfang der Expansion dadurch zu ändern, so fordert die Bestimmung des Voreilungswinkels δ:

    „Den Voreilungswinkel des verlangten Expansionsanfanges ohne lineare Voreilung um den halben gegebenen linearen Voreilungswinkel zu vergrössern, und den Deckungswinkel ohne lineare Voreilung um die andere Hälfte dieses Winkels zu verkleinern."

Wird für den Schieber in dem Beispiele der Fig. 8 ein linearer Voreilungswinkel von 8^0 verlangt, ohne dass der Expansionsanfang dadurch geändert wird, so muss zufolge der eben ausgesprochenen Regel,

der Voreilungswinkel: $25^0 + 4^0 = 29^0$, und

der Deckungswinkel: $25 - 4^0 = 21^0$ sein.

Bringt man den Papierstreifen Fig. 8 wiederum auf das Schieber-Diagramm, mit dessen Vorderkante in paralleler Richtung zur Linie CD, mit dem Punkte a auf der 90^0 Linie und mit dem Punkte b auf der 21^0 Linie ruhend, so ergiebt sich ein Hub des Schiebers von 10 cm und eine äussere Deckung desselben von 1,8 cm. Die lineare Voreilung des Schiebers oder die Eröffnung des Einlasskanales, wenn die Kurbel im todten Punkte steht, ist die Entfernung von der 21^0 Linie bis zur 29^0 Linie auf der 10 cm Hublinie und beträgt 0,6 cm. Die Vergrösserung des Voreilungswinkels hat als weitere Folge, dass Compression und Vorausströmung, statt wie früher bei 155^0, jetzt bei 151^0 Kurbelwinkel, oder nach einem 0,94 des Hubes entsprechenden Kolbenwege beginnen.

Durch die Anwendung des linearen Voreilungswinkels von 8^0 haben sich demnach die Verhältnisse der Steuerung und des Schiebers für dieselbe Kanalweite folgendermassen gestaltet:

Voreilungswinkel $= 29^0$,

Deckungswinkel $= 21^0$,

Schieberhub $= 10$ cm,

äussere Deckung $= 1,8$ cm,

lineare Voreilung $= 0,6$ cm.

Beginn der Compression und der Vorausströmung bei 0,94 des Hubes.

Dass aus dem Schieber-Diagramme sich auch alle anderen bezüglich einer Steuerung in Frage kommenden Verhältnisse mit ganz derselben Genauigkeit entnehmen lassen, ist nach Erlangung einer gewissen Vertrautheit in der Anwendung desselben ohne Weiteres zu ersehen. Man kann beispielsweise Deckung, lineare Voreilung und Hub des vorhin bestimmten Schiebers auch für die Ermittelung des Expansions- und Compressionsanfanges benutzen, wenn man Deckung und lineare Voreilung, in der Weise wie in Fig. 13 geschehen ist, auf einen Papierstreifen abträgt und denselben auf die 10 cm Hublinie des Diagrammes legt. Man erhält dann unmittelbar von dieser Hublinie den Voreilungswinkel zu 29° und den Deckungswinkel zu 21°. Bei 8° linearem Voreilungswinkel wird dann die Expansion bei:

$$180^0 - 2\,(29^0 - 4^0) = 130^0$$

Kurbelwinkel oder 0,82 des Kolbenhubes und die Compression bei:

$$180^0 - 29^0 = 151^0$$

Kurbelwinkel oder 0,94 des Kolbenhubes beginnen.

Bei genauer Betrachtung des Schieber-Diagrammes erkennt man, dass mit Hülfe desselben sich die veränderliche Weite der Kanaleröffnung von der linearen Voreilung an bis zur grössten Eröffnung und von da ab wieder zurück bis zum Schluss derselben bestimmen lässt, sowie, dass jede sonstige auf die Verhältnisse einer Schiebersteuerung bezügliche Frage, welche sich mit Hülfe der sogenannten Schieberellipsen oder anderer Methoden beantworten lässt, auch durch dieses Diagramm und zwar unmittelbar aus demselben beantwortet werden kann.

Zusatz des Uebersetzers:

Um an einem Beispiele die Verwendung des Schieberdiagrammes für die Ermittelung der Dimensionen solcher Schieber zu zeigen, welchen für die Hervorbringung einer bestimmten Dampfvertheilung gewisse ihrer Verhältnisse vorgeschrieben sind, werde die Aufgabe Seite 41 der 4. Auflage des Zeunerschen Buches über Schiebersteuerungen gelöst. Diese Aufgabe lautet:

„Es ist für die Construction einer einfachen Schiebersteuerung gegeben: die Füllung des Cylinders bis zu 0,8 des Hubes, die lineare Vereilung zu 0,6 cm, die Weite des Einlasskanales mit 3 cm und die grösste Eröffnung desselben mit 3,6 cm; zu bestimmen ist der Hub, der Voreilungswinkel und die äussere Deckung des Schiebers."

Um diese Aufgabe zu lösen, entwickelt Zeuner zuerst eine Gleichung für die Grösse der Excentricität, berechnet dann mit Hülfe derselben letztere zu 6 cm und findet hierauf durch Construction den Voreilungswinkel zu 30° und die äussere Deckung zu 2,4 cm.

Mit Hülfe des gegebenen Schieber-Diagrammes lassen sich dagegen die drei zu bestimmenden Dimensionen durch eine einfache Construction wie folgt, finden:

Der Füllung bei 0,8 des Hubes entspricht nach der Kolbenweg-Tabelle A ein Kurbelwinkel von 127° und ein Voreilungswinkel — wenn die lineare Voreilung vorläufig unberücksichtigt bleibt — von 26,5°. Legt man in das Diagramm Fig. 11, in einer in der Richtung der Schieberhublinien gemessenen Entfernung von 3,6 cm, eine Parallele pp zur 90° Linie CA, so ist die durch den Schnittpunkt a dieser Parallelen mit der 26,5° Linie gelegte Hublinie ihrer Länge nach der Schieberhub ohne lineare Voreilung. Wird hierauf die eine Hälfte ab der verlangten linearen Voreilung von a aus nach rechts, die andere Hälfte ae nach links auf dieser Hublinie abgetragen und durch den Punkt b eine Parallele zur 26,5° Linie gelegt, so schneidet dieselbe die Linie pp im Punkte b'. Die dann durch b' gelegte Hublinie cd bestimmt mit ihrer Länge = 6 cm die gesuchte Excentricität und der Theil b'd derselben die äussere Deckung des Schiebers zu 2,4 cm. Legt man auch durch e eine Parallele zur 26,5° Linie bis zum Schnittpunkte e' der Hublinie cd, so ist damit derjenige Punkt gefunden, dessen Entfernung von der Grundlinie AD den gesuchten Voreilungswinkel zu 30° bestimmt.

Trotzdem diese Lösung der Aufgabe insofern nicht streng richtig ist, als die Hälfte des der linearen Voreilung entsprechenden Winkels und nicht die Hälfte ihrer linearen Länge zu beiden Seiten des Punktes a abgetragen werden musste, bleibt dennoch der damit begangene Fehler doch so klein, dass derselbe, wie man

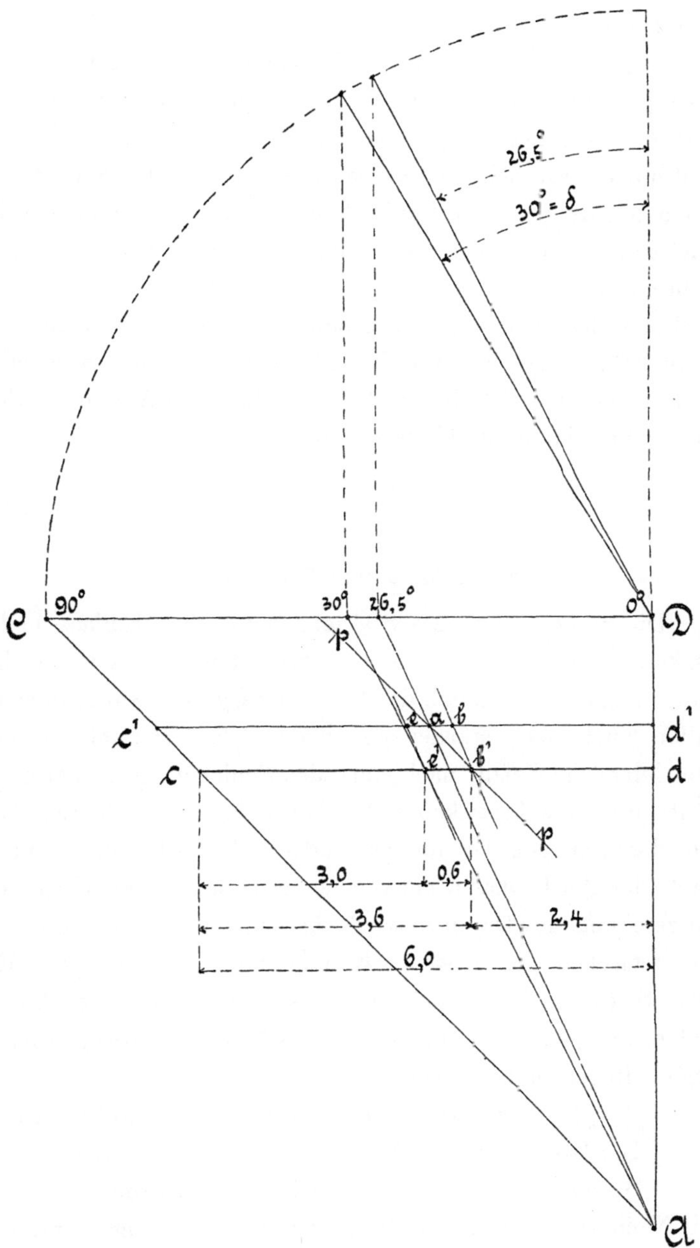

Fig. 11.

aus Fig. 11 erkennen kann, für practische Anwendungen vernachlässigt werden darf.

Dagegen streng richtig und noch einfacher gestaltet sich die Lösung dieser Aufgabe, wenn die lineare Voreilung in Graden statt der linearen Länge nach gegeben ist. In solchem Falle wird nur erforderlich, den halben linearen Voreilungswinkel rechts von a abzutragen, den Punkt b mit A zu verbinden, durch den Schnittpunkt b' dieser Verbindungslinie und der Linie pp die Hublinie cd zu legen, um die Excentricität und die äussere Deckung des Schiebers zu erhalten. Durch Abtragen der anderen Hälfte des linearen Voreilungswinkels von a nach links wird durch den Schnittpunkt e' der Linien eA und cd der gesuchte Voreilungswinkel bestimmt.

———

§ 13.
Stegstärke der Dampfkanäle.

Die Stärke des Steges B (Fig. 12) zwischen Einlass- und Auslasskanal wird gewöhnlich behufs Sicherung eines guten Cylindergusses nahezu oder gleich der Dicke der Cylinderwand, in manchen Fällen auch noch stärker genommen. Ein schmaler Kanalsteg zieht leicht die Gefahr nach sich, den Schieber mit seiner äusseren Kante über die Innenkante des Auslasskanales E hinaustreten und dadurch den Dampf aus dem Schieberkasten unmittelbar durch den Auslasskanal entweichen zu lassen. Eine solche directe Entweichung des Dampfes wird aber unmöglich, sobald die Differenz zwischen der grössten Kanaleröffnung W und der Kanalweite S kleiner bleibt als die Stegstärke B. Die den Cylinderkanälen zu gebende geringste Stegstärke ist desswegen nach folgender Regel zu bemessen:

„Man addire zur grössten Kanaleröffnung des Einlasskanales 0,7 cm und subtrahire von der Summe die Weite des Einlasskanales."

Nach dieser Regel bedingt der Schieber Fig. 8 für dessen 2,4 cm weite Einlasskanäle die kleinste Stärke der Kanalstege:

$$B = 3,2 + 0,7 - 2,4 = 1,5 \text{ cm}.$$

Die Gefahr einer unmittelbaren Entweichung des Dampfes durch den Auslasskanal ist selbstverständlich dann nicht vorhanden, wenn die grösste Kanaleröffnung kleiner ist als die Kanalweite.

§ 14.
Weite des Auslasskanales.

Um einen möglichst kurzen Schieber für die Dampfvertheilung zu erhalten, ist die Weite des Auslasskanales E Fig. 12 so

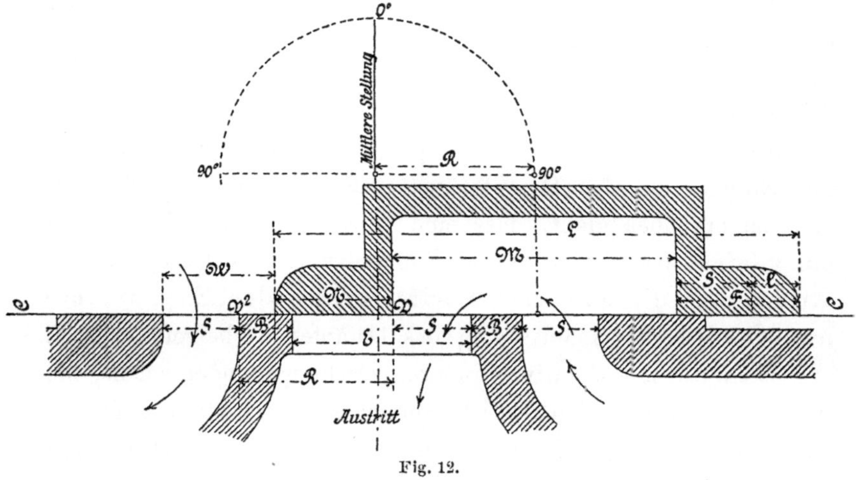

Fig. 12.

gering zu nehmen, wie es der ungehinderte Austritt des Dampfes zulässt. Dabei ist aber zu beachten, dass, um dem Dampfe einen ungehinderten Austritt zu verschaffen, der Schieber in seinen äussersten Stellungen den Auslasskanal stets in einer dem Einlasskanal gleichen oder etwas grösseren Weite offen halten muss.

Vorausgesetzt der Schieber Fig. 12 habe seine äusserste Stellung erreicht, die Austrittskante V habe sich um die Länge der Excentricität R von ihrer mittleren Stellung V^2 entfernt, so muss zufolge eben ausgesprochener Bedingung die kleinste Weite des Auslasskanales mindestens:

$$E = S + R - B$$

sein. Für die Bestimmung der kleinsten Weite des Auslass-
kanals gilt also die Regel:

> „Man addire zur Weite des Einlasskanales den
> halben Hub des Schiebers und subtrahire von der
> Summe die Stegstärke."

---

§ 15.
Innere Deckung.

In der mittleren Stellung eines Schiebers mit innerer Deckung
überragt dessen Kante V (Fig. 12) die Kanalkante V^2 um die
Länge dieser Deckung; sie wird also durch die halbe Differenz
der Längen $E + 2B$ und M gemessen. In Folge ihrer Lage
an der Innenseite der Schieberlappen kann die innere Deckung
nur Einfluss auf den Dampfaustritt gewinnen, der sich dadurch
sich zu erkennen giebt, dass eine verspätete Eröffnung und
ein verfrüheter Schluss der Einlasskanäle S in Bezug auf den
Auslasskanal E, also eine Verlängerung der Expansions-
und Compressionswirkung des Dampfes herbeigeführt wird.

Schieber mit negativen inneren Deckungen oder solche, bei
welchen die Kante V gegen V^2 nach aussen zurücktritt, rufen die
entgegengesetzten Wirkungen von den mit positiven Deckungen
versehenen Schiebern im Dampfaustritte hervor.

Den Schiebern der mit grossen Kolbengeschwindigkeiten arbeitenden Maschinen giebt man, sobald dieselben mit hohen
Füllungen arbeiten sollen, gewöhnlich innere Deckungen. Man
bestimmt dann in solchen Fällen die innere Deckung in der Regel
für einen Anfang der Compression bei 139^0 und für eine Vorausströmung, welche nicht später als bei 160^0 Kurbelwinkel beginnt.

Wenn der 29^0 grosse Voreilungswinkel des im § 12 bestimmten Schiebers mit 10 cm Hub und 8^0 linearer Voreilung
den Beginn der Compression statt bei 151^0 schon bei 138^0 Kurbelwinkel eintreten lassen soll, so muss dem Schieber eine innere
Deckung von:

$$151^0 - 138^0 = 13^0$$

oder 1,12 cm Länge, siehe Fig. 13, gegeben werden. Die Expansion wird dadurch bis:

$$151^0 + 13^0 = 164^0$$

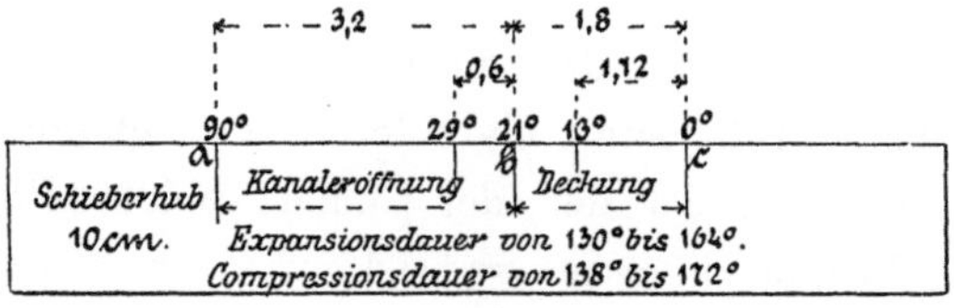

Fig. 13.

verlängert und die bei 138° beginnende Compression veranlasst, bis zur Wiederöffnung des Einlasskanales, also bis:

$$180^0 - 8^0 = 172^0$$

anzudauern.

---

§ 16.

Beispiel.

Um die Anwendung der bisher gegebenen Regeln für die Bestimmung der Dimensionen und Verhältnisse einfacher Schiebersteuerungen zu zeigen, werde folgende Aufgabe gelöst:

„Für eine zu erbauende Maschine von 60 indicirten Pferdestärken, welche mit 93 m minutlicher Kolbengeschwindigkeit, 4,5 kg pro qcm Eintrittsspannung des Dampfes und einer bei 0,7 des Kolbenhubes beginnenden Expansion arbeiten soll, sind die Dimensionen des Dampfcylinders und der Steurung zu bestimmen, wenn die Anordnung der Maschine mit derjenigen in Fig. 5 übereinstimmend vorausgesetzt wird."

Für eine Eintrittsspannung $P' = 4{,}5$ kg und eine Füllung $= 0{,}7$ des Hubes ist nach der Tabelle des § 3 die mittlere Dampfspannung $P^m = 4{,}27$ kg pro qcm. Wird hiervon der mittlere Gegendruck auf den Kolben mit 0,12 kg in Abzug gebracht, so ergiebt sich die mittlere Nutzspannung P des Dampfes zu 4,15 kg pro qcm.

Die für die bedingte Leistung der Maschine erforderliche wirksame Kolbenfläche ist nach § 5:

$$A = \frac{4500 \times 60}{4{,}15 \times 93} = 699{,}5 \text{ qcm.}$$

Wird diese Fläche um den mittleren etwa 27,5 qcm grossen Querschnitt der durch beide Cylinderdeckel tretenden Kolbenstange vergrössert, so ist der der Summe beider Flächen entsprechende Kolbendurchmesser = 30,4 cm oder wenn derselbe auf 31 cm abgerundet wird, die wirksame Kolbenfläche alsdann 727 qcm.

Wird der Hub des Kolbens zu 62 cm festgesetzt, so ist nach § 6 die Anzahl der minutlichen Kurbelumdrehungen:

$$n = \frac{93}{2 \times 0{,}62} = 76.$$

Nach § 7 muss der Querschnitt der Einlasskanäle:

$$0{,}055 \times 727 = 40 \text{ qcm}$$

sein, woraus sich deren Weite, deren Breite 22 cm angenommen, zu 1,8 cm bestimmt.

Die grösste Kanaleröffnung W sollte nach § 7 mindestens 0,6 bis 0,9 der Kanalweite betragen; um aber einen schnelleren Schluss und eine schnellere Eröffnung der Kanäle herbeizuführen, werde:

$$W = 1{,}3 \times 1{,}8 = 2{,}4 \text{ cm}$$

genommen.

Der Querschnitt des Dampfzuführungsrohres ist für die angenommene Kolbengeschwindigkeit nach den Angaben desselben §:

$$0{,}039 \times 727 = 28{,}4 \text{ qcm}$$

und der des Dampfauslassrohres gleich dem Querschnitte des Einlasskanales = 40 qcm zu nehmen. Die diesen Rohrquerschnitten entsprechenden lichten Rohrdurchmesser sind rund: 6 bezw. 8 cm.

Einem Kolbenwege von 0,7 des Hubes entspricht nach der Kolbenweg-Tabelle A ein Kurbelwinkel von ca. 114°. Für den Expansionsanfang bei diesem Kurbelwinkel ist dem Excenter,

wenn von der linearen Voreilung abgesehen wird, ein Voreilungswinkel von 33⁰ zu geben. Durch Verwendung eines linearen
Voreilungswinkels $= 6^0$, wird aber:

$$\delta = 33^0 + 3^0 = 36^0$$

und der Deckungswinkel:

$$33^0 - 3^0 = 30^0.$$

Legt man die grösste Kanaleröffnung von 2,4 cm in der im
§ 12 angegebenen Weise zwischen die 90⁰ und 30⁰ Linie des
Schieber-Diagrammes, so bestimmt dasselbe den Schieberhub zu:

$$2 \times 4,9 = 9,8 \text{ cm},$$

die äussere Deckung des Schiebers zu 2,5 cm und die lineare
Voreilung zu 0,4 cm.

Diese Verhältnisse des Schiebers lassen die Compression
und Vorausströmung bei 144⁰ Kurbelwinkel beginnen, begrenzen
also die Expansionsdauer von 0,7 bis 0,9 des Hubes. Wenn es dagegen vortheilhaft erscheinen sollte, die Expansion bis zu 0,95 des
Hubes andauern zu lassen, so würde dem Schieber eine innere
Deckung von 10⁰ oder 0,85 cm Länge zu geben sein. Die Compression, welche durch den Schieber ohne innere Deckungen bei
144⁰ Kurbelwinkel beginnt, würde durch Anwendung solcher bei
einem Kurbelwinkel von:

$$144^0 - 10^0 = 134^0$$

ihren Anfang nehmen.

Die ermittelten Verhältnisse der Steurung sind also:

Voreilungswinkel $= 36^0$,
Deckungswinkel $= 30^0$,
Linearer Voreilungswinkel $= 6^0$,
Innerer Deckungswinkel $= 10^0$,
Schieberhub $= 9,8$ cm,
Aeussere Deckung $= 2,5$ cm,
Innere Deckung $= 0,85$ cm,
Lineare Voreilung $= 0,4$ cm.

Der Dampfeintritt erfolgt 6⁰ vor Beginn des Hubes, die
Expansion bei 114⁰ oder 0,7 des Hubes, die Voraus-

strömung bei 154° oder 0,95 des Hubes und die Compression bei 134° oder 0,85 des Hubes.

Die Stegstärke der Dampfkanäle darf nach der Regel des § 13 nicht kleiner als:

$$B = 2,4 + 0,7 - 1,8 = 1,3 \text{ cm}$$

sein, ist aber in diesem Falle mit Rücksicht auf die etwa 2,3 cm starke Cylinderwand 2 cm dick zu nehmen.

Die kleinste Weite des Auslasskanales ist nach der Regel des § 14, wenn die innere Deckung berücksichtigt wird:

$$E = S + R + \text{innere Deckung} - B = 1,8 + 4,9 + 0,85 - 2 = 5,55 \text{ cm},$$

ist aber um 0,25 cm zu vergrössern, also 5,8 cm weit zu nehmen.

Die ganze Länge des Schiebers bestimmt sich aus den ermittelten Einzeldimensionen zu:

$$L = E + 2 \times B + 2 \times S + 2 \times \text{Deckung} = 18,4 \text{ cm}.$$

III. Theil.

Einfluss der Treibstange auf die Verhältnisse einer einfachen Schiebersteurung.

§ 17.

Einfluss der Treibstange auf die Kolbenbewegung.

Die Betrachtungen im vorigen Theile setzten alle eine vom Kolben auf die Kurbel mittelst Kurbelschleife übertragene Bewegung voraus. Die Eigenschaften dieser Bewegungsübertragung wurden benutzt, um Gesetze für die Bestimmung der Verhältnisse einfacher Schiebersteurungen aufzufinden und um ein Diagramm zu construiren, mittelst dessen sich die Dimensionen der Schieber und Excenter in einfachster Weise bestimmen liessen. Weil aber die Kurbelschleife nur selten Anwendung findet und gewöhnlich an deren Stelle eine Treibstange die Bewegung vom Kolben auf die Kurbel vermittelt, ist es für die Beurtheilung des Einflusses der Treibstange auf die Kolben- und Kurbelbewegung erforderlich auch diese in Fig. 14 angegebene Verbindung des Kolbens mit der Kurbel genau zu untersuchen, alle im vorigen Theile ermittelten allgemeinen Verhältnisse dem entsprechend abzuändern und soweit wie möglich auch alle durch die Treibstange in der Kolbenbewegung hervorgerufenen Unregelmässigkeiten aufzudecken.

Aus Fig. 14 ist ersichtlich, dass durch Verwendung einer Treibstange an Stelle der Kurbelschleife die Bewegung des Kolbens mit der des Kreuzkopfes B in Uebereinstimmung gebracht wird, dass der letztere bei einem Kurbelwinkel von 90^0 um die Länge BB'' über die Hälfte seines Weges hinausgegangen ist

Auchincloss-Müller.   4

und dass diese Abweichung von seiner Mittelstellung um so kleiner wird, je grösser das Verhältniss V, der Treibstangenlänge zur Kurbellänge ist und umgekehrt, um so grösser wird, je kleiner dieses Verhältniss ist.

In den folgenden Untersuchungen, welche sich auf eine mittelst Treibstange vom Kolben auf die Kurbel übertragene Bewegung beziehen, soll der Einfachheit halber die Länge der Kurbel gleich Eins und die Länge der Treibstange gleich einem

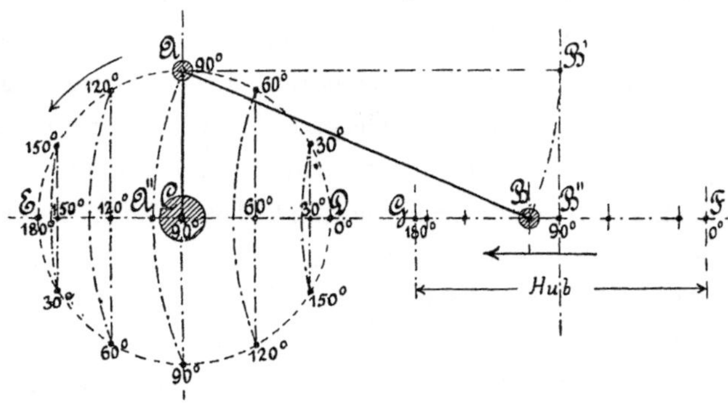

Fig. 14.

Vielfachen der Kurbellänge angesehen werden, so dass, wenn die Länge der Kurbel AC = 1 und die Länge der Treibstange AB = 4 ist, das Verhältniss $V = \dfrac{AB}{AC} = 4$ wird.

Bei einem Kurbelwinkel von 90° steht der Kreuzkopf um die Entfernung von BB″ über seine Mittelstellung B″ hinaus. Wird von B aus mit der Treibstangenlänge als Halbmesser ein Kreisbogen beschrieben, so schneidet derselbe den Durchmesser DE des Kurbelkreises im Punkte A″, dessen Entfernung vom Wellenmittel gleich der Kreuzkopfabweichung BB″ ist. Werden in derselben Weise von den Kreuzkopfstellungen aus, welche den Kurbelwinkeln von 30°, 60°, 120° und 150° entsprechen, mit der Treibstangenlänge Kreisbögen beschrieben, so schneiden sich dieselben mit dem Durchmesser DE in desto kleineren Entfernungen von den auf DE projicirten, jeweiligen Stellungen des Kurbelzapfens, je mehr sich die dem Kurbelwinkel entsprechende Kreuzkopfstellung einem der todten Punkte F oder G nähert. Hieraus

geht hervor, dass sich die durch eine Treibstange vom Kolben
auf die Kurbel vermittelte Bewegung dadurch zu erkennen giebt,
dass im Kolbenhingange alle Wege des Kolbens grösser
und im Kolbenrückgange kleiner sind als diejenigen, welche
eine Kurbelschleife herbeiführen würde. Die Kolbenweg-Tabelle
A lässt sich desswegen nicht verwenden, sobald eine Treibstange
die Kolbenbewegung vermittelt; vielmehr wird für eine solche
Bewegungsübertragung erforderlich eine neue Tabelle aufzustellen,
aus der sich für alle in der Regel Anwendung findenden Verhältnisse V, sowohl für den Kolbenhingang wie für den Rückgang,

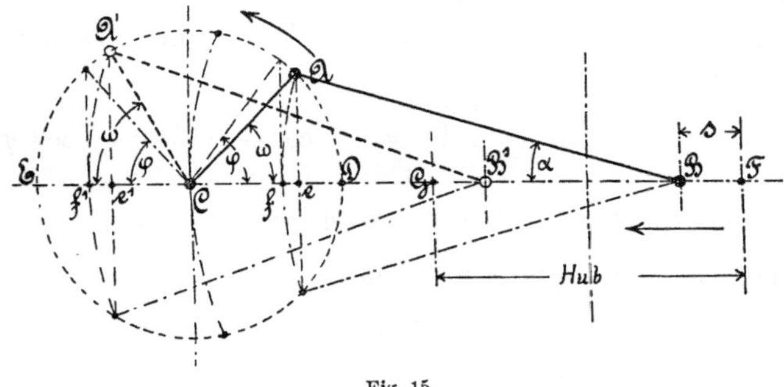

Fig. 15.

die Kurbelwinkel gegebener Kolbenstellungen oder umgekehrt, die
Kolbenstellungen gegebener Kurbelwinkel entnehmen lassen.

Für die Ermittelung der Kurbelwinkel, welche bei einem
gegebenen Verhältnisse V bestimmten Kolbenstellungen entsprechen, bezeichne mit Bezug auf Fig. 15:

l die Länge der Treibstange A B;

r -   -   - Kurbel A C;

V das Verhältniss $\dfrac{l}{r}$;

s den vom Kolben zurückgelegten Weg BF,

ω den dem Wege s entsprechenden Kurbelwinkel für einen Kolbenweg kleiner als der halbe Hub und das Supplement des
Kurbelwinkels für einen Kolbenweg grösser als der halbe Hub;

φ den dem Wege s entsprechenden Kurbelwinkel für einen Kolbenweg kleiner als der halbe Hub und das Supplement des

4*

Kurbelwinkels für einen Kolbenweg grösser als der halbe Hub, wenn das Verhältniss $V = \infty$ ist;

α den Neigungswinkel der Treibstange zur Bewegungsrichtung des Kolbens, wenn derselbe den Weg s zurückgelegt hat;

C das Verhältniss $\dfrac{r - s}{r} = \cos \varphi$ für einen Kolbenweg kleiner als der halbe Hub, und

E das Verhältniss $\dfrac{s - r}{r} = \cos \varphi$ für einen Kolbenweg grösser als der halbe Hub.

Hat der Kolben von seiner äussersten Stellung F aus den Weg s, der kleiner als sein halber Hub ist, durchlaufen und die Kurbel dem entsprechend vom todten Punkte D aus den Winkel ω durchlaufen, so ist:

$$Ce = r \cdot \cos \omega, \quad Bf = 1, \quad Be = 1 \cdot \cos \alpha, \quad Cf = r \cdot \cos \varphi$$

und

$$r \cdot \cos \omega = 1 + r \cdot \cos \varphi - 1 \cdot \cos \alpha.$$

Durch Division dieser Gleichung mit r wird:

$$1) \qquad \cos \omega = V - V \cdot \cos \alpha + \cos \varphi,$$

und hieraus:

$$2) \qquad \cos \alpha = 1 - \frac{\cos \omega - \cos \varphi}{V}.$$

In dem Dreiecke ABC besteht das Verhältniss:

$$\frac{1}{r} = V = \frac{\sin \omega}{\sin \alpha},$$

daher ist:

$$\sin \alpha = \frac{\sin \omega}{V},$$

und da allgemein:

$$\cos \alpha^2 = 1 - \sin \alpha^2$$

ist, so muss, wenn für $\sin \alpha$ der Werth aus voriger Gleichung eingeführt wird:

$$\cos \alpha = \sqrt{1 - \frac{\sin \omega^2}{V^2}}$$

sein.

Bringt man den Werth für $\cos \alpha$ in Gl. 2) und quadrirt auf beiden Seiten derselben, so erhält man:

$$1 - \frac{\sin \omega^2}{V^2} = 1 - 2 \frac{(\cos \omega - \cos \varphi)}{V}$$
$$+ \frac{\cos \omega^2 - 2 \cdot \cos \omega \cdot \cos \varphi + \cos \varphi^2}{V^2},$$

oder, wenn auf beiden Seiten mit V^2 multiplicirt wird:

$$V^2 - \sin \omega^2 = V^2 - 2 \cdot V \cdot \cos \omega + 2 \cdot V \cdot \cos \varphi + \cos \omega^2$$
$$- 2 \cdot \cos \omega \cdot \cos \varphi + \cos \varphi^2.$$

Durch Umformung und Reduction ergiebt sich aus dieser Gleichung:

$$\sin \omega^2 = 2 \cdot V \cdot \cos \omega - 2 \cdot V \cdot \cos \varphi - \cos \omega^2$$
$$+ 2 \cdot \cos \omega \cdot \cos \varphi - \cos \varphi^2,$$
$$\sin \omega^2 + \cos \omega^2 - 2 \cdot V \cdot \cos \omega - 2 \cdot \cos \omega \cdot \cos \varphi$$
$$= - 2 \cdot V \cdot \cos \varphi - \cos \varphi^2,$$
$$\div 1 + 2 \cdot V \cdot \cos \omega + 2 \cdot \cos \omega \cdot \cos \varphi = 2 \cdot V \cdot \cos \varphi + \cos \varphi^2,$$
$$2 \cdot \cos \omega (V + \cos \varphi) = 2 \cdot V \cdot \cos \varphi + (1 + \cos \varphi^2),$$

$$3) \qquad \cos \omega = \frac{V \cdot \cos \varphi + (0{,}5 + 0{,}5 \cos \varphi^2)}{V + \cos \varphi}$$

Hat der Kolben seinen halben Hub zurückgelegt, so ist $\varphi = 90^0$ und:

$$4) \qquad \cos \omega = \frac{0{,}5}{V}.$$

Hat der Kolben einen grösseren Weg, als sein halber Hub ist, durchlaufen, so wird:

$$\cos \omega = - V + V \cdot \cos \alpha + \cos \varphi.$$

Wird mit dieser Gleichung dieselbe Rechnung wie vorhin für einen Kolbenweg, der kleiner als der halbe Hub war, durchgeführt, so erhält man:

$$5) \qquad \cos \omega = \frac{V \cdot \cos \varphi - (0{,}5 + 0{,}5 \cos \varphi^2)}{V - \cos \varphi}.$$

Werden in die Gleichungen 3) und 5) für $\cos \varphi$ die Werthe C bezw. E eingeführt, so wird aus Gl. 3) für alle Kolbenwege, die kleiner als der halbe Hub sind:

$$6) \qquad \cos \omega = \frac{V \cdot C + (0{,}5 + 0{,}5 C^2)}{V + C},$$

und aus Gl. 5) für alle Kolbenwege, die grösser als der halbe Hub sind:

$$7) \qquad \cos \omega = \frac{V \cdot E - (0,5 + 0,5\,E^2)}{V - E}.$$

Aus Fig. 15 ist ohne Weiteres ersichtlich, dass Gl. 6) auch für alle Kolbenwege des Rückganges, die grösser als der halbe Hub sind und Gl. 7) für alle Kolbenwege des Rückganges, die kleiner als der Hub sind, gültig ist.

Wenn man statt des Kurbelwinkels oder dessen Supplementwinkels den durch die Treibstangenlänge herbeigeführten Betrag U der Unregelmässigkeit in der Kolbenbewegung kennen will, so kann die Ermittelung desselben auf die Bestimmung der Differenz $\cos \omega - \cos \varphi$ beschränkt werden.

Subtrahirt man $\cos \varphi$ von beiden Seiten der Gl. 3), so ist für einen Kurbelwinkel kleiner als 90^0:

$$U = \cos \omega - \cos \varphi = \frac{V \cdot \cos \varphi + (0,5 + 0,5 \cdot \cos \varphi^2)}{V + \cos \varphi} - \cos \varphi,$$

oder:

$$U = \frac{V \cdot \cos \varphi + 0,5 + 0,5 \cdot \cos \varphi^2 - V \cdot \cos \varphi - \cos \varphi^2}{V + \cos \varphi},$$

woraus durch Reduction:

$$U = \frac{0,5 - 0,5 \cos \varphi^2}{V + \cos \varphi} = \frac{1 - \cos \varphi^2}{2\,(V + \cos \varphi^2)},$$

oder:

$$8) \qquad U = \frac{\sin \varphi^2}{2\,(V + \cos \varphi)}$$

wird. Auf dieselbe Weise findet man für einen Kurbelwinkel grösser als 90^0:

$$9) \qquad U = \frac{\sin \varphi^2}{2\,(V - \cos \varphi)}.$$

Ist das Verhältniss V bekannt, so kann man mit Hülfe der Gleichungen 8) und 9) für jeden Winkel φ den Werth von U bestimmen. Trägt man dieselben alsdann als rechtwinklige Ordinaten auf eine Abscisse und verbindet die Endpunkte durch eine krumme Linie, so erhält man ein Diagramm, aus welchem sich für den ganzen Kolbenhub die Zu- und Abnahme des Betrages der Unregelmässigkeit U entnehmen lässt.

Die Anwendung der vorhin gefundenen Gleichungen 6) und
7) ist aus folgenden Beispielen zu ersehen:

a) Welchen Winkel hat die Kurbel einer Dampfmaschine
durchlaufen, wenn deren Kolben 45 cm seines 72 cm langen
Hubes zurückgelegt hat und das Verhältniss $V = 5$ ist?

Da der Kolbenweg grösser als der halbe Hub ist, so findet
für den Kolbenhingang die Gl. 7) Anwendung; in derselben ist
für obige Annahmen:

$$E = \frac{45 - 36}{36} = 0,25 \text{ und } E^2 = 0,0625$$

denmach:

$$\cos \omega = \frac{5 \times 0,25 - (0,5 + 0,03125)}{5 - 0,25} = 0,15132,$$

und daraus $\omega = 81^0\ 18'$. Der von der Kurbel im Kolbenhingange durchlaufene Winkel ist also:

$$180^0 - 81^0\ 18' = 98^0\ 42'.$$

Für den Kolbenrückgang ist die Gl. 6) anzuwenden. Werden in dieselbe die Zahlenwerthe für C und V gesetzt, so
wird:

$$\cos \omega = \frac{5 \times 0,25 + (0,5 + 0,03125)}{5 + 0,25} = 0,33928$$

und damit $\omega = 70^0\ 10'$. Der von der Kurbel im Kolbenrückgange durchlaufene Winkel ist also:

$$180^0 - 70^0\ 10' = 109^0\ 50'.$$

b) Bei welchem Kurbelwinkel beginnt die Expansion einer
Dampfmaschine, deren Hub 126 cm und deren Verhältniss
$V = 7,4$ ist, wenn die Expansion nach einem durchlaufenen Kolbenwege von 33,5 cm erfolgen soll?

Da der Kolbenweg kleiner als die Hälfte des Hubes, so ist:

$$C = \frac{63 - 33,5}{63} = 0,46826 \text{ und } C^2 = 0,2193.$$

Die Gleichung 6) giebt für den Kolbenhingang:

$$\cos \omega = \frac{7,4 \times 0,46826 + (0,5 + 0,10965)}{7,4 + 0,46826} = 0,518$$

Kolbenweg-

Kolben-wege Hub = 1.	Kurbelwinkel in Graden.														
	V = 4			V = 4,5			V = 5			V = 5,5			V = 6		
	Hin-gang	Rück-gang	Diffe-renz	Hin-gang	Rück-gang	Diffe-renz	Hin-gang	Rück-gang	Diffe-renz	Hin-gang	Rück-gang	Diffe-renz	Hin-gang	Rück-gang	Diffe-renz
0,1	33,1	42	8,9	33,5	41,3	7,8	33,8	40,8	7	34	40,4	6,4	34,3	40,1	5,8
0,12	36,5	46,1	9,6	36,8	45,3	8,5	37,2	44,7	7,5	37,5	44,3	6,8	37,7	44	6,3
0,14	39,5	49,7	10,2	40	49	9	40,3	48,4	8,1	40,6	48	7,4	40,9	47,6	6,7
0,16	42,5	53,2	10,7	43	52,4	9,4	43,3	51,8	8,5	43,6	51,4	7,8	43,9	51	7,1
0,18	45,3	56,5	11,2	45,8	55,7	9,9	46,2	55,1	8,9	46,5	54,6	8,1	46,8	54,2	7,4
0,2	48	59,6	11,6	48,5	58,8	10,3	48,9	58,2	9,3	49,3	57,7	8,4	49,6	57,3	7,7
0,22	50,6	62,6	12	51,1	61,8	10,7	51,5	61,1	9,6	51,9	60,6	8,7	52,2	60,2	8
0,24	53,1	65,5	12,4	53,6	64,6	11	54,1	64	9,9	54,5	63,5	9	54,8	63	8,2
0,26	55,5	68,3	12,8	56,1	67,4	11,3	56,6	66,7	10,1	57	66,2	9,2	57,4	65,8	8,4
0,28	57,9	70,9	13	58,6	70,1	11,5	59,1	69,4	10,3	59,5	68,9	9,4	59,8	68,4	8,6
0,3	60,3	73,5	13,2	60,9	72,7	11,8	61,5	72,0	10,5	61,9	71,5	9,6	62,2	71	8,8
0,32	62,6	76,1	13,5	63,3	75,2	11,9	63,8	74,6	10,8	64,3	74	9,7	64,6	73,6	9
0,34	64,9	78,6	13,7	65,6	77,7	12,1	66,2	77,1	10,9	66,6	76,5	9,9	67,0	76,1	9,1
0,36	67,2	81	13,8	67,9	80,2	12,3	68,4	79,5	11,1	68,9	79	10,1	69,3	78,5	9,2
0,38	69,5	83,4	13,9	70,2	82,6	12,4	70,7	81,9	11,2	71,2	81,4	10,2	71,6	80,9	9,3
0,4	71,7	85,8	14,1	72,4	84,9	12,5	73	84,3	11,3	73,5	83,7	10,2	73,9	83,3	9,4
0,41	72,8	87	14,2	73,5	86,1	12,6	74,1	85,4	11,3	74,6	84,9	10,3	75	84,4	9,4
0,42	73,9	88,1	14,2	74,7	87,3	12,6	75,3	86,6	11,3	75,8	86,1	10,3	76,2	85,6	9,4
0,43	75	89,3	14,3	75,8	88,4	12,6	76,4	87,7	11,3	76,9	87,2	10,3	77,3	86,8	9,5
0,44	76,1	90,4	14,3	76,9	89,6	12,7	77,5	88,9	11,4	78	88,4	10,4	78,4	87,9	9,5
0,45	77,3	91,6	14,3	78	90,7	12,7	78,6	90	11,4	79,1	89,5	10,4	79,6	89,1	9,5
0,46	78,4	92,7	14,3	79,1	91,8	12,7	79,8	91,2	11,4	80,3	90,7	10,4	80,7	90,2	9,5
0,47	79,5	93,8	14,3	80,3	93	12,7	80,9	92,3	11,4	81,4	91,8	10,4	81,8	91,4	9,6
0,48	80,6	94,9	14,3	81,4	94,1	12,7	82	93,5	11,5	82,5	92,9	10,4	82,9	92,5	9,6
0,49	81,7	96,1	14,4	82,5	95,2	12,7	83,1	94,6	11,5	83,7	94,1	10,4	84,1	93,7	9,6
0,5	82,8	97,2	14,4	83,6	96,4	12,8	84,2	95,8	11,6	84,8	95,2	10,4	85,2	94,8	9,6
0,51	83,9	98,3	14,4	84,8	97,5	12,7	85,4	96,9	11,5	85,9	96,3	10,4	86,3	95,9	9,6
0,52	85,1	99,4	14,3	85,9	98,6	12,7	86,5	98	11,5	87,1	97,5	10,4	87,5	97,1	9,6
0,53	86,2	100,5	14,3	87	99,7	12,7	87,7	99,1	11,4	88,2	98,6	10,4	88,6	98,2	9,6
0,54	87,3	101,6	14,3	88,2	100,9	12,7	88,8	100,2	11,4	89,3	99,7	10,4	89,8	99,3	9,5
0,55	88,5	102,8	14,3	89,3	102	12,7	90	101,4	11,4	90,5	100,9	10,4	90,9	100,4	9,5
0,56	89,6	103,9	14,3	90,4	103,1	12,7	91,1	102,5	11,4	91,6	102	10,4	92,1	101,6	9,5
0,57	90,7	105	14,3	91,6	104,2	12,6	92,3	103,6	11,3	92,8	103,1	10,3	93,2	102,7	9,5
0,58	91,9	106,1	14,2	92,7	105,3	12,6	93,4	104,7	11,3	94	104,3	10,3	94,4	103,8	9,4
0,59	93	107,2	14,2	93,9	106,5	12,6	94,6	105,9	11,3	95,1	105,4	10,3	95,6	105	9,4
0,6	94,2	108,3	14,1	95,1	107,6	12,5	95,7	107	11,3	96,3	106,5	10,2	96,7	106,1	9,4
0,61	95,4	109,4	14	96,3	108,7	12,4	96,9	108,1	11,2	97,5	107,7	10,2	97,9	107,3	9,4
0,62	96,6	110,5	13,9	97,4	109,8	12,4	98,1	109,3	11,2	98,6	108,8	10,2	99,1	108,4	9,3

Tabelle B.

| Kurbelwinkel in Graden. | | | | | | | | | | | | Kolbenwege Hub = 1. |
| V = 6,5 | | | V = 7 | | | V = 7,5 | | | V = 8 | | | |
Hingang	Rückgang	Differenz	Hingang	Rückgang	Differenz	Hingang	Rückgang	Differenz	Hingang	Rückgang	Differenz	
34,4	39,8	5,4	34,6	39,6	5	34,7	39,4	4,7	34,9	39,2	4,3	0,1
37,9	43,7	5,8	38,1	43,4	5,3	38,2	43,2	5	38,4	43,1	4,7	0,12
41,1	47,3	6,2	41,3	47	5,7	41,5	46,8	5,3	41,6	46,6	5	0,14
44,1	50,7	6,6	44,3	50,4	6,1	44,5	50,2	5,7	44,7	50	5,3	0,16
47,1	53,9	6,8	47,3	53,6	6,3	47,5	53,4	5,9	47,6	53,1	5,5	0,18
49,8	56,9	7,1	50	56,6	6,6	50,3	56,4	6,1	50,4	56,2	5,8	0,2
52,5	59,8	7,3	52,8	59,6	6,8	53	59,3	6,3	53,1	59,1	6	0,22
55,1	62,7	7,6	55,4	62,4	7	55,6	62,1	6,5	55,8	61,9	6,1	0,24
57,6	65,4	7,8	57,9	65,1	7,2	58,1	64,8	6,7	58,3	64,6	6,3	0,26
60,1	68,1	8	60,4	67,8	7,4	60,6	67,5	6,9	60,8	67,2	6,4	0,28
62,5	70,7	8,2	62,8	70,4	7,6	63,1	70,1	7	63,2	69,8	6,6	0,3
64,9	73,2	8,3	65,2	72,9	7,7	65,5	72,6	7,1	65,7	72,4	6,7	0,32
67,3	75,7	8,4	67,6	75,4	7,8	67,8	75,1	7,2	68	74,8	6,3	0,34
69,6	78,1	8,5	69,9	77,8	7,9	70,2	77,5	7,3	70,4	77,3	6,9	0,36
71,9	80,5	8,6	72,2	80,2	8	72,5	79,9	7,4	72,7	79,7	7	0,38
74,2	82,9	8,7	74,5	82,6	8,1	74,8	82,3	7,5	75	82	7	0,4
75,4	84,1	8,7	75,6	83,7	8,1	75,9	83,4	7,5	76,2	83,2	7	0,41
76,5	85,2	8,7	76,8	84,9	8,1	77,1	84,6	7,5	77,3	84,4	7,1	0,42
77,7	86,4	8,7	78	86,1	8,1	78,2	85,8	7,6	78,5	85,6	7,1	0,43
78,8	87,5	8,7	79,1	87,2	8,1	79,4	87	7,6	79,6	86,7	7,1	0,44
79,9	88,7	8,8	80,2	88,4	8,2	80,5	88,1	7,6	80,7	87,9	7,2	0,45
81,1	89,9	8,8	81,4	89,6	8,2	81,6	89,2	7,6	81,9	89,1	7,2	0,46
82,2	91	8,8	82,5	90,7	8,2	82,8	90,4	7,6	83	90,2	7,2	0,47
83,3	92,1	8,8	83,6	91,8	8,2	83,9	91,5	7,6	84,1	91,3	7,2	0,48
84,5	93,3	8,8	84,8	93	8,2	85,1	92,7	7,6	85,3	92,5	7,2	0,49
85,6	94,4	8,8	85,9	94,1	8,2	86,2	93,8	7,6	86,4	93,6	7,2	0,5
86,7	95,5	8,8	87	95,2	8,2	87,3	94,9	7,6	87,5	94,7	7,2	0,51
87,9	96,7	8,8	88,2	96,4	8,2	88,5	96,1	7,6	88,7	95,9	7,2	0,52
89	97,8	8,8	89,3	97,5	8,2	89,6	97,2	7,6	89,8	97	7,2	0,53
90,2	99	8,8	90,5	98,7	8,2	90,8	98,4	7,6	90,9	98,1	7,2	0,54
91,3	100,1	8,8	91,6	99,8	8,2	91,9	99,5	7,6	92,1	99,3	7,2	0,55
92,5	101,2	8,7	92,8	100,9	8,1	93,1	100,7	7,6	93,3	100,4	7,1	0,56
93,6	102,3	8,7	93,9	102	8,1	94,2	101,8	7,6	94,5	101,6	7,1	0,57
94,8	103,5	8,7	95,1	103,2	8,1	95,4	102,9	7,5	95,6	102,7	7,1	0,58
95,9	104,6	8,7	96,2	104,3	8,1	96,5	104	7,5	96,8	103,8	7	0,59
97,1	105,8	8,7	97,4	105,5	8,1	97,7	105,2	7,5	98	105	7	0,6
98,3	106,9	8,6	98,6	106,6	8	98,9	106,4	7,5	99,1	106,1	7	0,61
99,5	108,1	8,6	99,8	107,8	8	100,1	107,5	7,4	100,3	107,3	7	0,62

| Kolben-wege Hub=1. | Kurbelwinkel in Graden. | | | | | | | | | | | | | | |
| | V = 4 | | | V = 4,5 | | | V = 5 | | | V = 5,5 | | | V = 6 | | |
	Hin-gang	Rück-gang	Diffe-renz	Hin-gang	Rück-gang	Diffe-renz	Hin-gang	Rück-gang	Diffe-renz	Hin-gang	Rück-gang	Diffe-renz	Hin-gang	Rück-gang	Diffe-renz
0,63	97,8	111,7	13,9	98,6	111	12,4	99,3	110,4	11,1	99,8	109,9	10,1	100,3	109,5	9,2
0,64	99	112,8	13,8	99,8	112,1	12,3	100,5	111,6	11,1	101	111,1	10,1	101,5	110,7	9,2
0,65	100,2	114	13,8	101,1	113,3	12,2	101,7	112,7	11	102,3	112,2	9,9	102,7	111,9	9,2
0,66	101,4	115,1	13,7	102,3	114,4	12,1	103	113,9	10,9	103,5	113,4	9,9	103,9	113	9,1
0,67	102,7	116,2	13,5	103,5	115,6	12,1	104,2	115	10,8	104,7	114,6	9,9	105,2	114,2	9
0,68	103,9	117,4	13,5	104,8	116,7	11,9	105,4	116,2	10,8	106	115,7	9,7	106,4	115,4	9
0,69	105,2	118,5	13,3	106	117,9	11,9	106,7	117,3	10,6	107,3	116,9	9,6	107,7	116,6	8,9
0,7	106,5	119,7	13,2	107,3	119,1	11,8	108	118,5	10,5	108,5	118,1	9,6	109	117,8	8,8
0,71	107,8	120,9	13,1	108,6	120,3	11,7	109,3	119,7	10,4	109,8	119,3	9,5	110,3	119	8,7
0,72	109,1	122,1	13	109,9	121,4	11,5	110,6	120,9	10,3	111,1	120,5	9,4	111,6	120,2	8,6
0,73	110,4	123,3	12,9	111,3	122,7	11,4	111,9	122,2	10,3	112,4	121,8	9,4	112,9	121,4	8,5
0,74	111,7	124,5	12,8	112,6	123,9	11,3	113,3	123,4	10,1	113,8	123	9,2	114,2	122,6	8,4
0,75	113,1	125,7	12,6	114	125,1	11,1	114,6	124,6	10	115,2	124,2	9	115,6	123,9	8,3
0,76	114,5	126,9	12,4	115,4	126,4	11	116	125,9	9,9	116,5	125,5	9	117	125,2	8,2
0,77	116	128,2	12,2	116,8	127,6	10,8	117,4	127,2	9,8	117,9	126,8	8,9	118,4	126,5	8,1
0,78	117,4	129,4	12	118,2	128,9	10,7	118,9	128,5	9,6	119,4	128,1	8,7	119,8	127,8	8
0,79	118,9	130,7	11,8	119,7	130,2	10,5	120,3	129,8	9,5	120,8	129,4	8,6	121,3	129,1	7,8
0,8	120,4	132	11,6	121,2	131,5	10,3	121,8	131,1	9,3	122,3	130,7	8,4	122,7	130,4	7,7
0,81	121,9	133,4	11,5	122,7	132,9	10,2	123,4	132,4	9	123,9	132,1	8,2	124,3	131,8	7,5
0,82	123,5	134,7	11,2	124,3	134,2	9,9	124,9	133,8	8,9	125,4	133,5	8,1	125,8	133,2	7,4
0,83	125,1	136,1	11	125,9	135,6	9,7	126,5	135,2	8,7	127	134,9	7,9	127,4	134,6	7,2
0,84	126,8	137,5	10,7	127,6	137	9,4	128,2	136,7	8,5	128,6	136,4	7,8	129	136,1	7,1
0,85	128,5	139	10,5	129,3	138,5	9,2	129,9	138,1	8,2	130,3	137,8	7,5	130,7	137,6	6,9
0,86	130,3	140,5	10,2	131	140	9	131,6	139,7	8,1	132	139,4	7,4	132,4	139,1	6,7
0,87	132,1	142	9,9	132,8	141,6	8,8	133,4	141,2	7,8	133,8	140,9	7,1	134,2	140,7	6,5
0,88	134	143,6	9,6	134,7	143,2	8,5	135,3	142,8	7,5	135,7	142,5	6,8	136	142,3	6,3
0,89	136	145,2	9,2	136,7	144,8	8,1	137,2	144,5	7,3	137,6	144,2	6,6	138	144	6
0,9	138	146,9	8,9	138,7	146,5	7,8	139,2	146,2	7	139,6	146	6,4	139,9	145,7	5,8
0,91	140,2	148,7	8,5	140,9	148,3	7,4	141,3	148	6,7	141,7	147,8	6,1	142	147,6	5,6
0,92	142,5	150,5	8	143,1	150,2	7,1	143,6	149,9	6,3	143,9	149,7	5,8	144,2	149,5	5,3
0,93	144,9	152,5	7,6	145,5	152,2	6,7	146	151,9	5,9	146,3	151,7	5,4	146,6	151,5	4,9
0,94	147,6	154,6	7	148,1	154,3	6,2	148,5	154	5,5	148,8	153,8	5	149,1	153,7	4,6
0,95	150,4	156,8	6,4	150,9	156,6	5,7	151,3	156,4	5,1	151,6	156,2	4,6	151,8	156	4,2
0,96	153,5	159,3	5,8	154	159,1	5,1	154,3	158,9	4,6	154,6	158,7	4,1	154,8	158,6	3,8
0,97	157,1	162,1	5	157,5	161,9	4,4	157,8	161,8	4	158	161,6	3,6	158,2	161,5	3,3
0,98	161,3	165,5	4,2	161,6	165,3	3,7	161,9	165,1	3,2	162,1	165	2,9	162,2	164,9	2,7
0,99	166,8	169,7	2,9	167	169,6	2,6	167,2	169,5	2,3	167,3	169,4	2,1	167,4	169,4	2

| Kurbelwinkel in Graden. | | | | | | | | | | | | Kolben-
wege
Hub = 1. |
| V = 6,5 | | | V = 7 | | | V = 7,5 | | | V = 8 | | | |
Hin- gang	Rück- gang	Diffe- renz	Hin- gang	Rück- gang	Diffe- renz	Hin- gang	Rück- gang	Diffe- renz	Hin- gang	Rück- gang	Diffe- renz	
100,7	109,2	8,5	101	108,9	7,9	101,3	108,7	7,4	101,5	108,5	7	0,63
101,9	110,4	8,5	102,2	110,1	7,9	102,5	109,8	7,3	102,7	109,6	6,9	0,64
103,1	111,5	8,4	103,4	111,3	7,9	103,7	111	7,3	103,9	110,8	6,9	0,65
104,3	112,7	8,4	104,6	112,4	7,8	104,9	112,2	7,3	105,2	112	6,8	0,66
105,6	113,9	8,3	105,9	113,6	7,7	106,2	113,4	7,2	106,4	113,2	6,8	0,67
106,8	115,1	8,3	107,1	114,8	7,7	107,4	114,5	7,1	107,6	114,3	6,7	0,68
108,1	116,3	8,2	108,4	116	7,6	108,6	115,7	7,1	108,9	115,5	6,6	0,69
109,3	117,5	8,2	109,6	117,2	7,6	109,9	116,9	7	110,2	116,8	6,6	0,7
110,6	118,7	8,1	110,9	118,4	7,5	111,2	118,2	7	111,5	118	6,5	0,71
111,9	119,9	8	112,2	119,6	7,4	112,5	119,4	6,9	112,8	119,2	6,4	0,72
113,3	121,1	7,8	113,6	120,9	7,3	113,8	120,6	6,8	114,1	120,4	6,3	0,73
114,6	122,4	7,8	114,9	122,1	7,2	115,2	121,9	6,7	115,4	121,7	6,3	0,74
115,9	123,6	7,7	116,3	123,4	7,1	116,5	123,2	6,7	116,8	123	6,2	0,75
117,3	124,9	7,6	117,6	124,6	7	117,9	124,4	6,5	118,1	124,2	6,1	0,76
118,7	126,2	7,5	119	125,9	6,9	119,3	125,7	6,4	119,5	125,6	6,1	0,77
120,2	127,5	7,3	120,5	127,3	6,8	120,7	127	6,3	120,9	126,9	5	0,78
121,6	128,8	7,2	121,9	128,6	6,7	122,2	128,4	6,2	122,4	128,2	5,8	0,79
123,1	130,2	7,1	123,4	130	6,6	123,6	129,7	6,1	123,8	129,6	5,8	0,8
124,6	131,6	7	124,9	131,3	6,4	125,1	131,1	6	125,3	131	5,7	0,81
126,1	132,9	6,8	126,4	132,7	6,3	126,7	132,6	5,9	126,9	132,4	5,5	0,82
127,7	134,4	6,7	128	134,2	6,2	128,2	134	5,8	128,4	133,8	5,4	0,83
129,3	135,9	6,6	129,6	135,7	6,1	129,8	135,5	5,7	130	135,3	5,3	0,84
131	137,4	6,4	131,3	137,2	5,9	131,5	137	5,5	131,7	136,8	5,1	0,85
132,7	138,9	6,2	133	138,7	5,7	133,2	138,5	5,3	133,4	138,4	5	0,86
134,5	140,5	6	134,7	140,3	5,6	135	140,1	5,1	135,1	140	4,9	0,87
136,3	142,1	5,8	136,6	141,9	5,3	136,8	141,3	5	136,9	141,6	4,7	0,88
138,2	143,8	5,6	138,5	143,6	5,1	138,7	143,5	4,8	138,8	143,3	4,5	0,89
140,2	145,6	5,4	140,4	145,4	5	140,6	145,3	4,7	140,8	145,1	4,3	0,9
142,3	147,4	5,1	142,5	147,2	4,7	142,7	147,1	4,4	142,9	147	4,1	0,91
144,5	149,3	4,8	144,7	149,2	4,5	144,9	149,1	4,2	145	148,9	3,9	0,92
146,8	151,4	4,6	147	151,2	4,2	147,2	151,1	3,9	147,3	151	3,7	0,93
149,3	153,6	4,3	149,5	153,4	3,9	149,6	153,3	3,7	149,8	153,2	3,4	0,94
152	155,9	3,9	152,3	155,8	3,5	152,3	155,7	3,4	152,5	155,6	3,1	0,95
155	158,5	3,5	155,2	158,4	3,2	155,3	158,3	3	155,4	158,2	2,8	0,96
158,4	161,4	3	158,5	161,3	2,8	158,6	161,2	2,6	158,7	161,2	2,5	0,97
162,4	164,9	2,5	162,5	164,8	2,3	162,6	164,7	2,1	162,6	164,7	2,1	0,98
167,5	169,3	1,8	167,6	169,3	1,7	167,7	169,2	1,5	167,7	169,2	1,5	0,99

und damit $\omega = 58^{\circ}\ 49'$. Die Gleichung 7) giebt für den Kolbenrückgang:

$$\cos \omega = \frac{7,4 \times 0,46826 - (0,5 + 0,10965)}{7,4 - 0,46826} = 0,4119$$

und damit $\omega = 65^{\circ}\ 40'$.

Genau auf dieselbe Weise wie an beiden Beispielen gezeigt wurde, sind die Kurbelwinkel der vorstehenden Kolbenweg-Tabellen B berechnet worden. In denselben sind die Kurbelwinkel des leichteren Auftragens halber mit einem Winkelmesser auf Decimaltheile eines Grades abgerundet, und für dieselben die gebräuchlichsten Verhältnisse V von 4 bis 8 gewählt, aus welchen sich für andere zwischen denselben liegende Verhältnisse·die Kurbelwinkel mit hinreichender Genauigkeit durch Interpolation bestimmen lassen.

Werden die Worte „Kolbenhingang“ und „Kolbenrückgang“ in diesen Tabellen vertauscht, so können die in denselben enthaltenen Kurbelwinkel auch für rückwärts arbeitende Maschinen verwendet werden, sofern die Unregelmässigkeiten derselben genau die umgekehrten von denen der vorwärts arbeitenden sein müssen, weil bei den ersteren der Cylinder zwischen der Kurbelwelle und dem Kreuzkopfe, bei den letzteren dagegen hinter beiden liegt.

Will man z. B. wissen, welche Kolbenstellungen dem Kurbelwinkel von 131° im Kolbenhingange und von $134,4^{\circ}$ im Kolbenrückgange einer Maschine mit 45 cm Hub und einem Verhältnisse $V = 6,5$ entsprechen, so erhält man aus den vorstehenden Tabellen für 131° Kurbelwinkel des Kolbenhinganges einen Kolbenweg von:

$$0,85 \times 45 = 38,25 \text{ cm}$$

und für $134,4^{\circ}$ Kurbelwinkel des Kolbenrückganges einen Kurbelweg von:

$$0,83 \times 45 = 37,35 \text{ cm}.$$

§ 18.

Einfluss der Excenterstange auf die Schieberbewegung.

Da auch die Bewegung der Schieber in der Weise, wie dieselbe im vorigen Theile den Untersuchungen zu Grunde gelegt wurde, nur in seltenen Fällen durch eine Kurbelschleife von der Schieberkurbel aus erfolgt, sondern in der Regel ein Excenter in Verbindung mit einer Excenterstange die Bewegung der Schieber veranlasst, so wird es erforderlich diese Bewegungsübertragung, welche mit Hülfe der Fig. 5 im § 9 erläutert wurde, in gleicher Weise zu untersuchen.

Das Characteristische der durch eine Excenterstange bewirkten Verbindung zwischen Schieber und Excenter wurde bereits in Fig. 4 angegeben und dazu bemerkt, dass das Excenter in Verbindung mit dessen Stange auf den Schieber genau so einwirken müsse, wie eine Kurbel in Verbindung mit einer relativ langen Treibstange auf den Kolben einwirkt. In Folge dessen wird auch die Bewegung eines Schiebers, welche von einem Excenter aus durch eine Excenterstange erfolgt, dieselbe sein müssen, wie diejenige eines Kolbens, der durch eine mit dem Excenter verbundene, relativ lange Treibstange bewegt wird. Dieselben Abweichungen von der als Basis anzusehenden Grundbewegung, welche im vorigen Paragraphen für die durch Kurbel und Treibstange hervorgerufene Kolbenbewegung gefunden wurden, werden desswegen in der Bewegung der Schieber — wenn auch in den meisten Fällen durch Anwendung eines grossen Verhältnisses V in viel geringerem Grade — wieder hervortreten müssen. Hieraus folgt aber, dass, wenn die Excentricität in denjenigen Stellungen steht, in welchen Expansion und lineare Kanaleröffnung durch einen mittelst Kurbelschleife bewegten Schieber beginnen sollen, der durch eine Excenterstange bewegte Schieber über diese richtigen Stellungen hinaus gegangen oder zurück geblieben sein muss, je nachdem der Schieber seinen Hingang oder Rückgang vollführt, und dass der Betrag hierdurch veranlasster Schieberabweichungen von der Grösse des Verhältnisses V, der Excenterstangenlänge zur Excentricität, abhängen muss.

Diese Abweichungen der Schieber von den richtigen Stellungen können durch Verlängerung der Excenterstange soweit ausgeglichen werden, dass die Kanaleröffnungen im Kolbenhingange nur wenig grösser bleiben als diejenigen im Kolbenrückgange. Wenn auch die zu diesem Zwecke vorgenommene Verlängerung der Excenterstange im Compressionsanfange Ungleichheiten hervorbringt, so bleiben dieselben ihres geringfügigen Betrages halber auf die Gesammtwirkung der Dampfvertheilung ohne Einfluss, und ist desswegen für alle practischen Anwendungen nur die Verschiedenheit der Kanaleröffnungen der alleinige durch die Länge der Excenterstange veranlasste Einfluss von Beachtung.

Bei stationären Maschinen, deren Verhältniss der Excenterstangenlänge zur Excentricität gewöhnlich zwischen 20 und 30 schwankt, ist die Verschiedenheit der Kanaleröffnungen niemals von Belang und kann desswegen unberücksichtigt bleiben. Wenn aber der Betrag der durch die Excenterstange hervorgerufenen Ungleichheiten der Kanaleröffnungen ermittelt werden soll, sei es um dessen Einfluss auf die Dampfvertheilung zu beurtheilen oder um durch Verlängerung der Excenterstange denselben mehr auszugleichen, so kann man auch hierfür das Schieber-Diagramm verwenden, wie aus folgenden Beispielen zu ersehen ist.

a) Ein einfacher Schieber, dessen Verhältniss seiner Excenterstangenlänge zur Excentricität = 25 ist, hat seinen halben Hub zurückgelegt. Es fragt sich nun wie viel Grade derselbe in dieser Stellung hinter derjenigen zurückgeblieben ist, welche er inne haben würde, wenn das Verhältniss $V = \infty$ wäre.

Die Gl. 4) des vorigen Paragraphen giebt für:

$$\cos \omega = \frac{0{,}5}{25} = 0{,}02, \quad \omega = 88^0\,51'.$$

Für ein Verhältniss $V = \infty$ würde dagegen $\omega = 90^0$ sein, so dass die gesuchte Abweichung des Schiebers in Graden:

$$90^0 - 88^0\,51' = 1^0\,9' \text{ ist.}$$

Den linearen Betrag dieser Abweichung kann man dem Schieber-Diagramme entnehmen, wenn bei gegebenem Schieberhube die

Entfernung von der Grundlinie bis zur 1° 9′ Linie auf der Hublinie im Diagramm gemessen wird. Für einen Schieberhub von 10 cm beträgt diese Abweichung nahezu 0,1 cm.

Die gleiche Rechnung für andere Verhältnisse V angestellt, giebt für:

$$
\begin{aligned}
V &= 40 \quad \text{eine Abweichung} = 0.75^{0}\\
V &= 30 \quad\qquad\text{-}\qquad\text{-}\qquad = 0{,}88^{0}\\
V &= 20 \qquad\text{-}\qquad\text{-}\qquad = 1{,}38^{0}\\
V &= 15 \qquad\text{-}\qquad\text{-}\qquad = 1{,}88^{0}\\
V &= 12 \qquad\text{-}\qquad\text{-}\qquad = 2{,}38^{0}\\
V &= 10 \qquad\text{-}\qquad\text{-}\qquad = 2{,}88^{0}\\
V &= 8 \qquad\;\;\text{-}\qquad\text{-}\qquad = 3{,}63^{0}\\
V &= 7 \qquad\;\;\text{-}\qquad\text{-}\qquad = 4{,}13^{0}\\
V &= 6 \qquad\;\;\text{-}\qquad\text{-}\qquad = 4{,}75^{0}\\
V &= 5 \qquad\;\;\text{-}\qquad\text{-}\qquad = 5{,}75^{0}\\
V &= 4{,}5 \quad\;\text{-}\qquad\text{-}\qquad = 6{,}38^{0}\\
V &= 4 \qquad\;\;\text{-}\qquad\text{-}\qquad = 7{,}25^{0}
\end{aligned}
$$

b) Ein einfacher Schieber, für welchen das Verhältniss $V = 6$ ist, hat den 4. Theil seines Rückganges durchlaufen. Es fragt sich nun wie viele Grade derselbe in dieser Stellung über diejenige hinaussteht, welche er inne haben würde, wenn das Verhältniss $V = \infty$ wäre.

Für einen kleineren Weg des Schieberrückganges als der halbe Hub, giebt die Gl. 9) des vorigen Paragraphen die Abweichung zu:

$$U = \frac{\sin \varphi^{2}}{2\,(V - \cos \varphi)}.$$

Da in diesem Falle:

$\varphi = 60^{0}$, $\cos \varphi = 0{,}5$, $\sin \varphi = 0{,}5 \, \sqrt{3}$ und $\sin \varphi^{2} = 0{,}75$ ist, wird:

$$U = \frac{0{,}75}{11} = 0{,}0682.$$

Wie aus Fig. 15 ersichtlich, ist:

$$\cos \omega = \cos \varphi - U = 0{,}5 - 0{,}0682 = 0{,}4318,$$

also:

$$\omega = 64^{0}\,25'.$$

Die gesuchte Schieberabweichung ist daher:

$$64^0\ 25' - 60^0 = 4^0\ 25'.$$

Wird auf genau dieselbe Weise für andere Verhältnisse von V die Rechnung durchgeführt, so erhält man für den Viertelhub eines Schiebers, wenn:

$$V = 30 \text{ ist, eine Abweichung} = 0{,}75^0$$
$$V = 25\ \ \text{-}\quad\text{-}\quad\ \ \text{-}\qquad = 1^0$$
$$V = 20\ \ \text{-}\quad\text{-}\quad\ \ \text{-}\qquad = 1{,}25^0$$
$$V = 15\ \ \text{-}\quad\text{-}\quad\ \ \text{-}\qquad = 1{,}75^0$$
$$V = 10\ \ \text{-}\quad\text{-}\quad\ \ \text{-}\qquad = 2{,}63^0$$
$$V = 8\ \ \text{-}\quad\text{-}\quad\ \ \text{-}\qquad = 3{,}25^0$$
$$V = 7\ \ \text{-}\quad\text{-}\quad\ \ \text{-}\qquad = 3{,}75^0$$
$$V = 6\ \ \text{-}\quad\text{-}\quad\ \ \text{-}\qquad = 4{,}41^0$$
$$V = 5\ \ \text{-}\quad\text{-}\quad\ \ \text{-}\qquad = 5{,}38^0$$
$$V = 4\ \ \text{-}\quad\text{-}\quad\ \ \text{-}\qquad = 6{,}88^0$$

Den linearen Betrag dieser Abweichungen kann man ebenfalls dem Schieber-Diagramme entnehmen, wenn bei gegebenem Schieberhube der Abweichungswinkel auf der Hublinie im Diagramme von der 30^0 Linie ab gemessen wird.

------

§ 19.
Länge der Excenterstange.

Nachdem ein Schieber in seinen Dimensionen mit Hülfe des Schieber-Diagrammes bestimmt ist, findet man die Länge seiner Excenterstange auf geometrischem Wege in folgender Weise.

1. Man trage die Mittellinien des Schiebers, Cylinders, Schwingehebels und der Kurbelwelle auf einen Bogen Papier; stelle darauf

2. die Kurbel in ihren Nullpunkt und den Schieber in diejenige Stellung, in der sein Lappen F (Fig. 12) die für den Kolbenhingang verlangte lineare Voreilung zeigt, und suche dann nachdem

3. der Voreilungswinkel δ an die Lothrechte zur Kurbelrichtung gelegt ist, die der Kurbelstellung im Nullpunkte entsprechende Lage des Excentermittels.

Die Entfernung vom Excentermittel bis zum Mittel des Schwingehebelzapfens oder, wenn die Bewegungsübertragung unmittelbar — ohne Schwingehebel — erfolgt, die Entfernung bis zum Mittel des Schieberstangenzapfens ist die genaue Länge der Excenterstange.

---

§ 20.
Richtiger Kurbelwinkel.

Die Bestimmung des Schieberhubes, der äusseren Deckung des Schiebers etc. für einen gegebenen Expansionsanfang muss mit Zuhülfenahme des Schieber-Diagrammes und der Kolbenweg-Tabellen B stets mit den Kurbelwinkeln des Kolbenrückganges erfolgen, sofern die Expansion im Kolbenrückgange dann genau und die im Kolbenhingange etwas später beginnt als verlangt wird. Auf welche Weise die dadurch entstehenden Ungleichheiten zu corrigiren sind, wird in § 23 gezeigt werden.

---

§ 21.
Gleichstellung der linearen Voreilung.

Wenn die Länge der Excenterstange auf die im § 19 angegebene Weise bestimmt ist, und die linearen Kanaleröffnungen in den Augenblicken gemessen werden, in welchen der Kurbelzapfen die Bewegungsmittellinie durchschreitet, so können keine Verschiedenheiten zwischen den entsprechenden Kolbenstellungen sowie zwischen den linearen Voreilungen des Kolbenhinganges und Rückganges vorhanden sein.

---

§ 22.
Gleichstellung des Compressionsanfanges.

In den Untersuchungen des § 17 hat sich gezeigt, dass die Unterschiede zwischen den Kurbelwinkeln φ und ω um so grösser werden, je mehr sich der Kolben in seinem Laufe dem halben Hube nähert, und dass der Compressionsanfang daher im Kolbenhingange um so mehr von demselben im Kolbenrückgange abweicht, je früher beabsichtigt wird die Compression überhaupt beginnen zu lassen.

Die Gleichstellung des Compressionsanfanges ist für eine vorwärts arbeitende Maschine immer möglich, weil eine positive innere Deckung des einen Schieberlappens N (Fig. 12) und eine negative innere Deckung oder innerer Spielraum des anderen Lappens F den Schluss des Dampfaustrittes im einen Hube bei einem kleineren Kurbelwinkel als im anderen eintreten lässt, ohne dass dadurch im Geringsten die von den Aussenkanten der Schieberlappen begrenzte Expansionsdauer und Grösse der linearen Voreilung geändert wird. Beginnt daher die Compression einer Maschine nicht nach gleichen vom Kolben durchlaufenen Wegen, so lässt dies erkennen, dass auf die Ermittelung der Schieberdimensionen wenig Sorgfalt verwendet ist, weil, wie eben nachgewiesen ist, die einfachsten Mittel ermöglichen die Compression des Dampfes nach gleichen Kolbenwegen beginnen zu lassen.

Wollte man z. B. wissen, welche innere Deckungslängen dem Schieber der im § 16 dimensionirten Steuerung für gleichgestellten Compressionsanfang bei einem Verhältniss V = 5 zu geben wären, so würde man auf folgende Weise zu verfahren haben.

Für ein Verhältniss V = ∞ wurde bei einem inneren Deckungswinkel von 10° der Kurbelwinkel beim Beginn der Compression zu 134° gefunden, dem nach der Kolbenweg-Tabelle A ein Kolbenweg von 0,85 des Hubes entspricht. Nach der Kolbenweg-Tabelle B ist für denselben Kolbenweg die Diffe renz der Kurbelwinkel im Kolbenhingange und Rückgange 8,2°. Vergrössert man das eine Mal den für V = ∞ gefundenen

Winkel der inneren Deckung um die Hälfte dieser Differenz, so erhält man den inneren Deckungswinkel für den Kolbenhingang zu:

$$10^0 + 4,1^0 = 14,1^0,$$

und verkleinert man das andere Mal denselben Winkel um die andere Hälfte der Differenz, so erhält man den inneren Deckungswinkel für den Kolbenrückgang zu:

$$10^0 - 4,1^0 = 5,9^0.$$

Die diesen inneren Deckungswinkeln entsprechenden linearen Längen können unmittelbar dem Schieber-Diagramme entnommen werden, wenn die Winkel auf der 9,8 cm Hublinie von der Grundlinie ab gemessen werden. Dem Winkel von 14,1° entspricht eine innere Deckung für den Kolbenhingang von 1,2 cm und dem Winkel von 5,9° eine solche für den Kolbenrückgang von 0,5 cm Länge.

Die richtigen Längen der Schieberlappen für den gleichgestellten Compressionsanfang und für das Verhältniss V = 5 sind daher:

$$N = 4,3 + 1,2 = 5,5 \text{ cm}$$
$$F = 4,3 + 0,5 = 4,8 \text{ cm}.$$

---

§ 23.
Gleichstellung des Expansions- und Compressionsanfanges.

Wenn man beabsichtigt die Verhältnisse einer Schiebersteuerung derart zu gestalten, dass Expansion und Compression nach gleichen vom Kolben durchlaufenen Wegen im Hin- und Rückgange beginnen, so kann man bei den hierfür zu treffenden Massnahmen den Compressionsanfang ganz unberücksichtigt lassen, sofern die Gleichstellung des Expansionsanfanges auch die des Compressionsanfanges herbeiführt.

Die vier Zeitpunkte, in welchen die lineare Kanaleröffnung und der Schluss der Einlasskanäle in den beiden Kolbenhüben einer Kurbelumdrehung erfolgt, werden nur von den Aussenkanten eines durch ein Kreisexcenter bewegten Schiebers beeinflusst.

Bestehen daher zwischen den Winkeln der Excenterstellungen, bei welchen sich die lineare Eröffnung und der Schluss der Einlasskanäle zeigen sollen, Ungleichheiten, so liegt auf der Hand, dass eine Ausgleichung zweier dieser Winkel nur auf Kosten noch grösserer Ungleichheiten der beiden anderen erfolgen kann. Desswegen ist eine Gleichstellung des Expansionsanfanges lediglich von der Beantwortung der Frage abhängig, ob es in gegebenem Falle rathsam erscheint, die lineare Voreilung in einem Kolbenhube grösser als die im anderen werden zu lassen.

Für Maschinen mit grossen Kolbengeschwindigkeiten ist eine Verschiedenheit der linearen Voreilungen im Allgemeinen nicht zu empfehlen; dagegen darf bei solchen mit geringen Kolbengeschwindigkeiten ein Unterschied in denselben, wenn andere Vortheile sich dadurch erreichen lassen, als statthaft bezeichnet werden. Bei schnell gehenden Maschinen kann der Wirkung einer todten Kolbenbewegung eben nur dann mit Erfolg entgegen getreten werden, wenn die linearen Voreilungen in beiden Kolbenhüben gleich sind, und nur in Fällen, in denen die genaueste und vollkommenste Anfertigung aller sich bewegenden Theile der Maschine vorausgesetzt werden kann, wird eine Verschiedenheit der linearen Voreilungen allenfalls in Anwendung gebracht werden dürfen.

Die Gleichstellung des Expansionsanfanges kann nur durch eine Vergrösserung des Voreilungswinkels mit gleichzeitiger Verkürzung oder Verlängerung der Excenterstange, je nachdem ein Schwingehebel die Bewegung der Excenterstange vermittelt oder nicht, erreicht werden.

Um dieses nachzuweisen, soll die Gleichstellung des Expansions- und Compressionsanfanges der im § 16 dimensionirten Schiebersteurung vorgenommen werden, wenn das Verhältniss der Treibstangenlänge zur Kurbellänge $= 5$ und für den Schieber ein linearer Voreilungswinkel im Kolbenhingange von 4^0*) vor-

---

*) Da es eine natürliche Folge der durch eine Treibstange vom Kolben auf die Kurbel vermittelten Bewegung ist, dass der lineare Voreilungswinkel im Kolbenrückgange grösser als im Hingange wird, ist es in allen Fällen, in welchen die Gleichstellung der Expansion vorgenommen werden soll, gerathen,

ausgesetzt wird, im Uebrigen aber alle Verhältnisse der Steurung unverändert beibehalten werden.

Aus der Kolbenweg-Tabelle B findet sich für das Verhältniss $V = 5$ und für den Expansionsanfang bei 0,7 des Hubes im Kolbenrückgange der Kurbelwinkel zu 118,5°. Der Voreilungswinkel ohne lineare Voreilung ist für diesen Expansionsanfang:

$$\frac{180^0 - 118{,}5^0}{2} = 30{,}75^0.$$

Da der lineare Voreilungswinkel für den Kolbenhingang zu 4° angenommen war, so ist der „Versuchs-Voreilungswinkel":

$$30{,}75^0 + 2^0 = 32{,}75^0$$

und der Deckungswinkel:

$$30{,}75^0 - 2^0 = 28{,}75^0.$$

Da ferner die grösste Kanaleröffnung $W = 2{,}4$ cm sein sollte, so erhält man aus dem Schieber-Diagramme für den Deckungswinkel von 28,75°:

> den Schieberhub $= 9{,}3$ cm;
> die äussere Deckung $= 2{,}25$ cm, und
> die lineare Voreilung für den Kolbenhingang nahezu $= 0{,}3$ cm.

Da für einen Weg des Kolbens $= 0{,}7$ des Hubes und für ein Verhältniss $V = 5$ der Unterschied zwischen den Kurbelwinkeln des Kolbenhinganges und Rückganges nach der Kolbenweg-Tabelle B $= 10{,}5^0$ ist, so muss die Hälfte dieses Winkels die Correction des Versuchs-Voreilungswinkels sein, welche, wenn dem letzteren hinzugefügt, den richtigen Voreilungswinkel:

$$32{,}75^0 + 5{,}25^0 = 38^0$$

werden lässt.

Indessen wird allein durch diese Vergrösserung des Voreilungswinkels die Gleichstellung der Expansion und Compression

---

den linearen Voreilungswinkel des Kolbenhinganges nicht grösser als 3 bis 5° zu nehmen, um denjenigen des Kolbenrückganges nicht allzu gross werden zu lassen.

noch nicht erreicht; denn die Expansion beginnt im Kolbenhingange sowohl wie im Kolbenrückgange bei einem Kurbelwinkel von:

$$180^0 - \left[38^0 - \frac{38^0 - 28,75^0}{2}\right] 2 = 113,25^0,$$

also bei Kolbenwegen von 0,74 bezw. 0,66 des Hubes, und die lineare Voreilung ist in beiden Hüben nahezu 0,65 cm.

Wird aber die Excenterstange um die lineare Differenz zwischen dem richtigen und dem Versuchs-Voreilungswinkel verkürzt, welche auf der 9,3 cm Hublinie des Diagrammes gemessen 0,35 cm beträgt, so wird der lineare Voreilungswinkel im Kolbenhingange 4⁰ und im Kolbenrückgange 14,5⁰. Die Expansion beginnt dann sowohl im Kolbenhingange als auch im Rückgange nach einem Wege des Kolbens, welcher 0,7 des Hubes entspricht, und die lineare Voreilung im Kolbenrückgange ist gleich der doppelten Entfernung zwischen dem richtigen und Versuchs-Voreilungswinkel plus der linearen Voreilung im Kolbenhingange, also:

$$2 \times 0,35 + 0,3 = 1 \text{ cm}$$

Hierbei ist aber zu berücksichtigen, dass durch die Verkürzung der Excenterstange nicht allein die linearen Eröffnungen der Einlasskanäle verschieden gross werden, sondern dass auch die grössten Eröffnungen derselben um denselben Betrag von einander abweichen. So lange indessen beide Kanaleröffnungen grösser bleiben als die im § 7 angegebene erforderlich kleinste Weite derselben, wird die Veränderung der Excenterstangenlänge keinen Einfluss auf die Dampfvertheilung gewinnen und der Dampfeintritt stets ungehindert erfolgen.

Durch die Verkürzung der Excenterstangen ist die grösste Eröffnung des Einlasskanals im Kolbenhingange nahezu:

$$2,4 - 0,35 = 2,05 \text{ cm}$$

und dieselbe im Kolbenrückgange:

$$2,4 + 0,35 = 2,75 \text{ cm geworden.}$$

Da aber im § 16 die kleinste Weite der Kanäle zu 1,9 cm bestimmt wurde, so ist desswegen im Kolbenhingange noch keine Drosselung des in den Cylinder eintretenden Dampfes zu befürchten. Um jedoch gegen die Gefahr einer Kanalverengung auf alle Fälle gesichert zu sein, ist es gerathen, wenn die Schieberbewegung für gleichen Expansionsanfang geregelt werden soll, gleich bei der Bestimmung des Schieberhubes die grösste Kanaleröffnung bis 1,25 mal grösser als die Kanalweite zu nehmen.

Ohne Verkürzung der Excenterstange würde bei 38° Voreilungswinkel, 0,85 cm innerer Deckung und 9,3 cm Schieberhub die Compression bei:

$$180^0 - (38^0 + 10,5^0) = 131,5^0$$

Kurbelwinkel oder bei 0,86 des Kolbenhubes im Hingange und bei 0,8 des Kolbenhubes im Rückgange beginnen. In Folge der für den gleichgestellten Expansionsanfang vorgenommenen Excenterstangenverkürzung nimmt die Compression im Kolbenhingange bei etwa:

$$180^0 - (38^0 + 15^0) = 127^0$$

und im Kolbenrückgange bei:

$$180^0 - (38^0 + 6^0) = 136^0,$$

oder nach einem vom Kolben in beiden Hüben durchlaufenen Weg von 0,84 seines Hubes ihren Anfang.

Um vor der Gefahr einer vom Schieberkasten aus durch den Austrittskanal unmittelbar erfolgenden Dampfentweichung gesichert zu sein, hat man stets zu beachten, dass die Stegstärke B zwischen Einlass- und Auslasskanal um den Betrag der Excenterstangenveränderung vergrössert werden muss, im vorliegenden Falle deren geringste Stärke also:

$$1,3 + 0,35 = 1,65 \text{ cm}$$

sein müsste.

Die Ermittelung der genauen Länge der Excenterstange erfolgt auch für eine in dieser Weise corrigirte Schieberbewegung nach den im § 19 angegebenen Regeln.

Zusatz des Uebersetzers: Ob für practische Anwendungen immer gerathen ist, die volle Gleichstellung der Expansion auf

Kosten so ungleicher linearer Voreilungen, wie dieselben aus obigem Beispiele sich ergeben haben, vorzunehmen, dürfte auch bei Maschinen mit geringen Kolbengeschwindigkeiten fraglich sein. Zweckmässiger wird in den meisten Fällen sein, einen Mittelweg einzuschlagen: Die Gleichstellung der Expansion nur bis zu einem gewissen Grade zu verlangen, um dafür den Vortheil der weniger ungleichen linearen Voreilungen zu gewinnen. Für eine solche angenäherte Gleichstellung reicht dann gewöhnlich eine Verlängerung oder Verkürzung der Excenterstange, je nachdem die Bewegung direct oder indirect durch Vermittelung eines Schwingehebels auf den Schieber übertragen wird, allein aus und kann stets soweit erreicht werden, wie es die kleinste für nothwendig erachtete lineare Voreilung in einem der beiden Kolbenhübe gestattet. Auch kann man, wenn man beabsichtigt den ungleichen Expansionsanfang einer bereits vorhandenen Maschine zu verbessern, durch Veränderung der Excenterstangenlänge allein, ohne die in der Regel sehr umständliche Verstellung des Excenters vorzunehmen, ein in den meisten Fällen befriedigendes Resultat erzielen.

So erreicht man z. B. allein durch Verkürzung der Excenterstange der in § 16 dimensionirten Steurung um 0,2 cm, dass die lineare Voreilung im Kolbenhingange sich bis 0,2 cm verringert und die im Kolbenrückgange sich bis 0,6 cm vergrössert, dass aber dafür die Expansion im Kolbenhingange bei 111°, im Kolbenrückgange bei 117°, oder wenn ein Verhältniss $V = 5$ vorausgesetzt wird, bei 0,72 bezw. 0,69 des Kolbenhubes beginnt. Gleichzeitig erreicht man, dass die Compression im Kolbenhingange bei 131,5° und im Kolbenrückgange bei 136,5 oder bei 0,86 bezw. 0,84 des Kolbenhubes ihren Anfang nimmt. Durch die Verkürzung der Excenterstange um 0,2 cm hat sich also die Differenz der Kurbelwinkel für den Expansionsanfang um 6°, für den Compressionsanfang um 5° vermindert, was in den meisten Fällen der Praxis, um annähernd gleiche Kolbendrücke zu erzielen, vollkommen ausreichen wird.

Das Schieber-Diagramm giebt auch für eine Aenderung der Steurungen in dieser Weise jede gewünschte Auskunft.

§ 24.
Wirkungen gleichgestellten Expansions- und Compressionsanfanges durch einen Versuch nachgewiesen.

Eine Veränderung der Schieberstellung wird auch dann mit Vortheil vorgenommen, wenn es darauf ankommt die Wirkungen ungleicher Kolbendrücke auszugleichen. Dieselben treten stets auf sobald Dauer des Dampfeinlasses und Auslasses in beiden Hüben einer Kurbelumdrehung merklich von einander abweichen, oder wenn durch fehlerhafte und unzweckmässige Anordnungen der Dampfzuleitungsröhren und Cylinderkanäle die Mittelspannung des Dampfes auf der einen Kolbenseite grösser wird als auf der anderen. Im Allgemeinen werden dieselben bei vertikalen Maschinen häufiger angetroffen als bei horizontalen.

Ungleichheiten in der Mittelspannung des Dampfes können ihrer Grösse nach nur mit Hülfe eines „Indicators" bestimmt werden, wenn mit demselben unter Berücksichtigung aller auf die Maschine einwirkenden Verhältnisse von den auf beiden Kolbenseiten während eines Hubes wirkenden Dampfspannungen Diagramme genommen werden, die bezüglich aller Eigenthümlichkeiten und Wechselbeziehungen in den Erscheinungen der Dampfvertheilung unfehlbaren Aufschluss geben.

Um an einem Beispiele das Charakteristische der in vorbezeichneter Art auftretenden ungleichen Kolbendrücke zu zeigen, sollen die Indicator-Diagramme der Figuren 16, 17 und 18, benutzt werden, welche einer bereits mehrere Jahre im Betriebe gewesenen Dampfmaschine vertikaler Anordnung entnommen wurden. Der Dampfcylinder dieser Maschine war nicht umkleidet. Das Dampfzuleitungsrohr, welches vom Kessel ab unter den Dachbindern des Fabrikgebäudes entlang geführt war, fiel in der Nähe der Maschine bis zur halben Cylinderhöhe vertikal abwärts und mündete in dieser Höhe in den Schieberkasten. In Folge dieser fehlerhaften Anordnung des Dampfzuführungsrohres erhielt der Dampf durch den unteren Cylinderkanal einen ungehinderteren Einlass als durch den oberen und dadurch auf die untere Kolbenfläche eine grössere Einwirkung als auf die obere. Es sollte nun versucht werden, in wie weit durch Verstellung des Schiebers die Wirkungen dieser ungleichen Kolbendrücke aufgehoben werden konnten.

Die Dimensionen der Maschine waren:

Cylinderdurchmesser = 25,9 cm;

Kolbenhub = 52,4 cm;

Treibstangenlänge = 131 cm;

Verhältniss $V = 5$;

Schieberhub = 9,2 cm;

Lineare Voreilung = 0,3 cm;

Dampfeinlasskanäle = 2,2 cm × 26 cm;

Aeussere Schieberdeckung = 1,9 cm;

Innere Schieberdeckung = 0,95 cm;

Kesselspannung = 4,3 kg pro qcm;

Kurbelumdrehungen = 100 pro Min.

Um von der Maschine gut gezeichnete Indicator-Diagramme zu erhalten, wurde der Dampfdruck im Kessel auf 2,8 kg pro qcm und die Umdrehungszahl der Maschine durch eine Bremsvorrichtung auf 40 in der Minute ermässigt. Die nach diesen Vorbereitungen erhaltenen Diagramme zeigt Fig. 16, von welchen dasjenige in ganzen Linien während des Kolbenhinganges, dasjenige in punktirten Linien während des Kolbenrückganges, bezw. des Kolbenniederganges und Aufganges gewonnen wurde.

Um für den Vergleich beider Diagramme hinsichtlich der Dampfvertheilung im Cylinder das richtige Verhältniss zwischen dem treibenden und widerstehenden Kolbendruck zu erkennen, ist es selbstverständlich erforderlich die Dampfeintrittslinie des einen Diagrammes mit der Dampfaustrittslinie des anderen zu vergleichen. Man ersieht aus Fig. 16, dass der Unterschied zwischen den Eintrittsspannungen etwa 0,13 kg pro qcm beträgt, und dass die Expansion bei:

43,3 cm Wegeslänge im Kolbenhingange und bei

<u>40   cm</u> Wegeslänge im Kolbenrückgange beginnt,

3,3 cm Differenz,

dass ferner die Compression bei:

47 cm Wegeslänge im Kolbenhingange und bei
44,5 cm Wegeslänge im Kolbenrückgange beginnt
2,5 cm Differenz

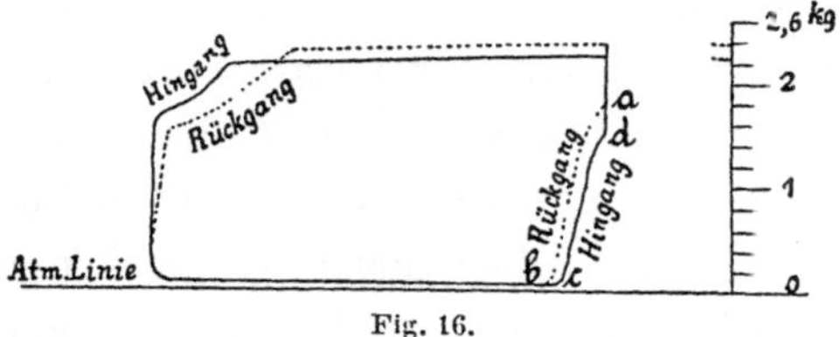

Fig. 16.

und dass, wenn der Compressionsanfang gleichgestellt gewesen
wäre, die Compressionskurven ab und cd beider Diagramme
Fig. 16 sich hätten decken müssen.

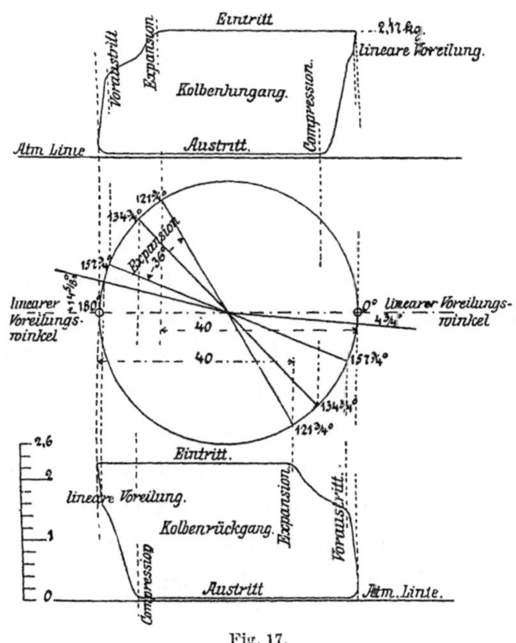

Fig. 17.

Nachdem man die Excenterstange verlängert und den Voreilungswinkel des Excenters um 5⁰ vergrössert hatte, wurden
wiederum unter denselben Verhältnissen wie anfangs Diagramme
genommen, die in Fig. 17 angegeben sind und deutlich den Einfluss der Veränderungen erkennen lassen.

Nach diesen Diagrammen ist die Gleichstellung der Expansion sowohl als die der Compression vollständig erreicht; die Expansion beginnt nach einem Kolbenwege von 40 cm und die Compression nach einem Kolbenwege von 44,5 cm in beiden Hüben einer Kurbelumdrehung. Der lineare Voreilungswinkel*) im Kolbenhingange ist 4,75° und der im Kolbenrückgange 14,63°, entsprechend einer 0,3 cm, bezw. 1,3 cm grossen linearen Kanaleröffnung. Wie aus den Diagrammen zu ersehen ist, hat die grosse Verschiedenheit der linearen Voreilung kaum merklichen Einfluss auf die Gestalt und den Flächeninhalt der Diagramme erhalten, weil die Einlasskanäle durch den Schieber über die erforderlich kleinste Weite hinaus nicht verengt wurden.

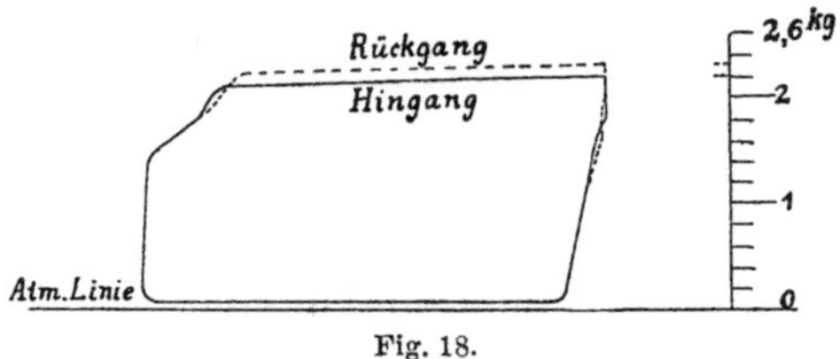

Fig. 18.

In Fig. 18 sind beide Diagramme der Fig. 17 auf einander gelegt, um die Uebereinstimmung des Expansionsanfanges, des Compressionsanfanges und des Anfanges der Vorausströmung in beiden Hüben zu erkennen. Dass durch die vorgenommenen Aenderungen der Steuerung nicht auch die Differenzen in den Anfangsspannungen des Dampfes sowie die dadurch entstandenen ungleichen, mittleren Kolbendrücke beseitigt werden konnten, ist selbstverständlich; dieselben waren in der fehlerhaften, nicht abzuändernden Dampfzuführung begründet und wären nicht hervorgetreten, wenn die Maschine eine horizontal angeordnete gewesen wäre.

---

*) Anmerkung. Die Winkel, wie Fig. 17 dieselben enthält, sind unter der Voraussetzung des Vorhandenseins einer unendlich langen Treibstange gefunden. Die für irgend ein Verhältniss V richtigen Winkel werden aus den ersteren erhalten, wenn zunächst für dieselben aus der Kolbenweg-Tabelle A die Kolbenwege, und für diese aus der Kolbenweg-Tabelle B die Kurbelwinkel des Kolbenhinganges und Rückganges entnommen werden.

---

§ 25.

Schieberregulirung für gleichgestellten Compressionsanfang.

Wenn ein Schieber für eine Compression zu reguliren ist, welche nach gleichen vom Kolben in beiden Hüben einer Kurbelumdrehung durchlaufenen Wegen beginnen soll, verfahre man wie folgt.

1. Man stelle die Kurbel in ihren todten Punkt bei 180° und bezeichne die zugehörige Kreuzkopfstellung durch Körnerpunkte am Kreuzkopf und seiner Gleitbahn, drehe hierauf

2. die Kurbel in ihren Nullpunkt und bezeichne auch die dieser Kurbellage entsprechende Kreuzkopfstellung in derselben Weise wie vorhin. Die Entfernung der beiden Körnerpunkte an der Gleitbahn bestimmt die Länge des Kolbenhubes. Alsdann suche man für das Excenter diejenige Stellung, in welcher der Schieber die verlangte lineare Voreilung im Kolbenhingange giebt, drehe

3. die Kurbel in der Richtung der Bewegung bis zum Beginne der Compression im Kolbenhingange und bezeichne die dieser Kurbellage entsprechende Kreuzkopfstellung durch einen quer über die Gleitbahn gelegten Riss, drehe hierauf

4. die Kurbel bis zum Beginne der Compression im Kolbenrückgange und bezeichne auch hier die Kreuzkopfstellung dieser Kurbellage wie vorhin. Wenn dann

5. die Compression in gleichen Abständen vom Anfange eines jeden Kolbenhubes beginnt, was man durch Messung dieser Abstände erkennt, so ist der Schieber in der verlangten Weise regulirt, wenn nicht, so verändere man die Länge der Excenterstange so oft, bis die Compression nach gleichen Kolbenwegen ihren Anfang nimmt, drehe hierauf die Kurbel in den Nullpunkt zurück und verändere den Voreilungswinkel des Excenters so weit, bis sich die bedingte lineare Voreilung im Kolbenhingange zeigt.

Dasselbe Verfahren kann auch für die Gleichstellung des Expansionsanfanges angewendet werden, wenn dem Schieber die entsprechenden Verhältnisse dafür gegeben sind.

Die Stellungen des Schiebers werden bei derartigen Regulirungen in den Augenblicken des Compressions- und Expansionsanfanges bequem von einem Index abgelesen, den man auf der Schieberstange vor deren Stopfbuchse anbringt. —

IV. Theil.

Verstellbare Excenter.

————

Wenn der Zu- und Abnahme des dem Kolben einer Dampfmaschine sich entgegenstellenden Widerstandes in jedem Augenblicke mit einer entspechenden Vergrösserung oder Verkleinerung der den Kolben treibenden Kraft begegnet werden könnte, so würde auf alle sich bewegenden Theile der Maschine statt ununterbrochen gleichmässig — wie es sein sollte — stossweise eingewirkt werden.

Kleine Aenderungen des von der Maschine zu überwindenden Widerstandes werden in den meisten Fällen durch die Massen der sich bewegenden Theile — bei stationären Maschinen durch das Schwungrad, bei Locomotiven durch die Treibräder sowie durch die mit denselben gekuppelten Laufräder u. s. w. — ausgeglichen, und die in Folge dadurch bedingten Geschwindigkeitsänderungen der Maschine, je nach der Grösse der Widerstandsänderung einerseits und der Grösse der lebendigen Kraft der sich bewegenden Massen andererseits, in engen Grenzen gehalten. Grossen Schwankungen dagegen kann nur durch Vermehrung oder Verminderung der die Maschine treibenden Kraft in der Weise entgegen gewirkt werden, dass entweder der Dampfdruck, bevor der Dampf in den Schieberkasten gelangt, entsprechend einer Zu- oder Abnahme des Widerstandes erhöht oder vermindert wird, oder dass durch Veränderung der Dampfeintrittsdauer, durch Aufhebung des Dampfeintrittes nach einem grösseren oder kleineren vom Kolben durchlaufenen Wege, die

Schwankungen des Widerstandes ausgeglichen werden. Die erstere Methode beruht auf der Verstellung eines im Dampfzuleitungsrohre befindlichen Drosselventiles, die andere auf der Verstellung des Expansionsanfanges; beide lassen die Verstellung sowohl selbstthätig durch einen Centrifugal-Regulator als auch von Hand durch den Maschinisten zu.

Die Beschreibung der Anordnung und Wirkungsweise der Centrifugal-Regulatoren gehört nicht zu den Untersuchungen dieses Buches. Dieselbe wird als bekannt vorausgesetzt und hier nur hervorgehoben, dass die selbstthätige Einwirkung der Centrifugal-Regulatoren auf die Verstellung der Expansion bei stationären Maschinen in neuerer Zeit vielfach mit den besten Erfolgen angewendet wird, dass namentlich Maschinen mit Steurungen, welche denen der Corliss- und Allan-Maschinen ähnlich sind, in dieser Beziehung vortreffliche Resultate aufweisen, weil solche durch die vollständig getrennten Ein- und Auslasskanäle bei einer Aenderung der Expansion nicht den geringsten Einfluss auf den während des ganzen Kolbenhubes andauernden Dampfaustritt hervorbringen, dass also die Expansionswirkungen in diesen Maschinen unabhängig von den Eigenthümlichkeiten der Spannung des austretenden Dampfes aller derjenigen Maschinen bleiben, welche nicht mit getrennten Cylinderkanälen versehen sind und durch einfache von Kreisexcentern bewegte Schieber gesteuert werden.

Der in neuerer Zeit am häufigsten für eine Expansionsverstellung verwendete Regulator ist die unter der Einwirkung zweier Excenter stehende „Coulisse". Dieselbe überträgt die vereinigte Bewegung beider Excenter auf den Steurungsschieber und besitzt dabei die beachtenswerthe Eigenschaft, in jeder ihrer verschiedenen Gestaltungen das Charakteristische der zusammengesetzten Excenterbewegung zu bewahren.

In Berücksichtigung dieser wichtigen Eigenschaft der Coulissen und in Anbetracht ihrer überaus häufigen Verwendung für Maschinen, deren Drehungsrichtung sowohl Vorwärts als auch Rückwärts erfolgen muss, ist es für das Studium der Coulissensteurungen von wesentlicher Vereinfachung, dasselbe durch eine

eingehende Untersuchung der Wirkungsweise verstellbarer
Excenter, welche mit derjenigen der Coulissen im Wesentlichen
übereinstimmt, vorzubereiten.

---

§ 26.
Einfluss der Excenterverstellung auf den Schieberhub, auf den Voreilungs- und linearen Voreilungswinkel.

In allen bisherigen Untersuchungen ist das Excenter als eine
auf der Kurbelwelle befestigte Scheibe angesehen worden, deren
Excentricität gegen die Normale zur Kurbelrichtung unter dem
Voreilungswinkel geneigt stand. Es zeigte sich dabei, dass, wenn
das Excenter eine Stellung zur Kurbel inne hatte, wie diejenige
in Fig. 19 mit der Excentricität CF unter einem Voreilungswinkel
von 33,5° und die Bewegung des Excenters durch einen Schwingehebel auf den Schieber übertragen wurde, alsdann die Kurbel
eine positive oder Vorwärtsbewegung ausführen musste. Es
ergab sich ferner, dass, wenn mit Bezug auf Fig. 9 dasselbe
Excenter mit demselben Voreilungswinkel in der entgegengesetzten Lage befestigt wurde, eine negative oder Rückwärtsbewegung der Kurbel eintreten musste. Hieraus folgt, dass, um mit
der Bewegungsrichtung einer Maschine zu wechseln, es nur erforderlich wird, das Excenter auf der Welle zu lösen, dasselbe soweit
zu verdrehen, bis die Excentricität CF die entgegengesetzte Lage
CB einnimmt und es in dieser Stellung wieder zu befestigen.

Ist aber ein Wechsel der Bewegungsrichtung nicht die alleinige Bedingung einer Excenterverstellung, sondern wird gleichzeitig auch eine Veränderung des Expansionsanfanges beabsichtigt, ohne irgend welche Aenderungen der linearen Voreilung und
der äusseren Schieberdeckung vorzunehmen, so kann solches,
wie aus Fig. 19 zu ersehen ist, nur durch eine Verschiebung des
Excentermittels F in gerader Richtung nach B und nicht, wie
in Fig. 20, durch Verschiebung in der Richtung eines Kreisbogens FMB hervorgebracht werden.

Durch eine in gerader Linie erfolgende Excenterverschiebung
wird die Excentricität und folglich auch der Schieberhub ver-

ändert. Ist F die Stellung des Excentermittels für den grössten
Schieberhub des Vorwärtsganges, B diejenige des Rückwärtsganges, so erhält der Schieber in der Mittelstellung M des Excentermittels den kleinsten Hub. Steht das Excentermittel in f²,
so ist der Schieberhub gleich $2 \times Cf^2$, steht dasselbe in f³, gleich
$2 \times Cf^3$ und in der Mittelstellung M gleich $2 \times CM$. Jeder,
der mit dem Gebrauche des in § 10 erklärten Schieber-Dia-

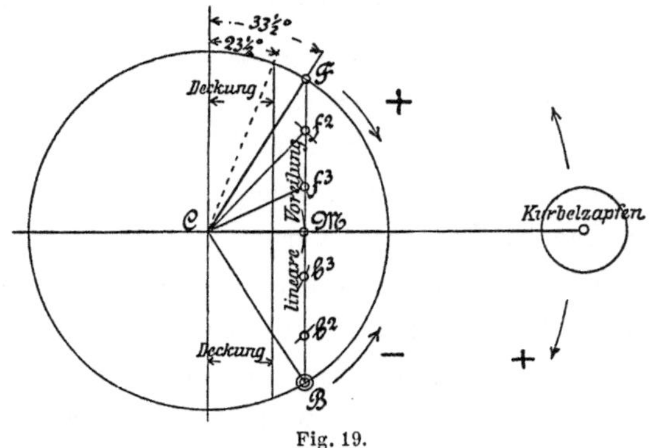

Fig. 19.

grammes vertraut ist, erkennt sofort, dass durch die Verkleinerung des Schieberhubes bei unverändert gebliebener linearen Voreilung und Deckung eine Vergrösserung des linearen Voreilungswinkels die Folge ist.

Die andere Methode der Excenterverstellung, zufolge der
das Excentermittel in der Richtung eines Kreisbogens verschoben wird, lässt kleine Aenderungen der linearen Voreilung
hervortreten. Die gebräuchlichste Form, in welcher dieselbe
zur Anwendung gelangt, vergrössert die lineare Voreilung vom
grössten bis zum kleinsten oder mittleren Schieberhube und zwar
dadurch, dass dem Excentermittel die Bewegung von F nach B
in einem, in Bezug auf das Wellenmittel C concaven Kreisbogen vorgeschrieben wird. Die Bewegung des Excentermittels
in einem in Bezug auf das Wellenmittel convexen Kreisbogen,
durch welche eine Verkleinerung der linearen Voreilung nach
dem mittleren Hube zu hervorgerufen wird, ist im Princip der
ersteren so ähnlich, dass durch die Untersuchung der einen auch
die Eigenschaften der anderen mit aufgedeckt werden.

Um die Wirkungen des verkleinerten Schieberhubes auf den Expansionsanfang, linearen Voreilungswinkel, Compressionsanfang und auf die bei gleichbleibender linearen Voreilung und äusseren Deckung durch einen einfachen Schieber erfolgende Kanaleröffnung deutlich erkennen zu können, soll ein verstellbares

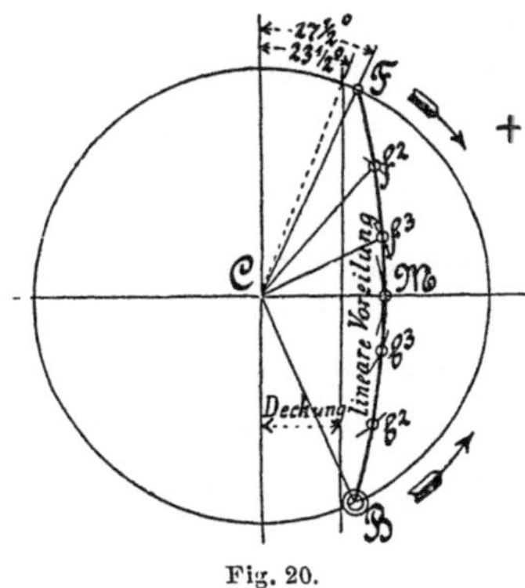

Fig. 20.

Excenter mit folgenden Dimensionen in nähere Untersuchung gezogen werden:

Grösste Excentricität = 6 cm, also:

Grösster Schieberhub = 12 cm;

Aeussere Deckung = 2,4 cm, und

Lineare Voreilung = 0,9 cm.

Wenn die lineare Voreilung in allen Excenterstellungen unveränderlich bleiben soll, so muss das Excentermittel — wie bereits erwähnt — von F nach B in gerader Linie bewegt werden. Steht dasselbe in F, so ist der Schieberhub = 2 × CF = 12 cm, die Deckung = 2,4 cm und die lineare Voreilung = 0,9 cm. Werden Deckung und lineare Voreilung in der im § 12 angegebenen Weise auf einen Papierstreifen getragen und derselbe auf die 12 cm Hublinie des Diagrammes gelegt, so ergiebt sich aus dem letzteren:

der Expansionsanfang bei 123° = 0,77 des Hubes,

der lineare Voreilungswinkel = 10°,

die Kanaleröffnung = 3,6 cm, und

der Compressionsanfang bei 146,5° = 0,92 des Hubes.

6*

Wird das Excentermittel von F nach f^2 verschoben, so verringert sich der Schieberhub bis $2 \times Cf^2 = 9{,}6$ cm. Da aber Deckung und lineare Voreilung durch diese Verschiebung unverändert bleiben, so findet sich von der 9,6 cm Hublinie des Schieber-Diagrammes:

der Expansionsanfang bei $106^0 = 0{,}64$ des Hubes,

der lineare Voreilungswinkel $= 14^0$,

die Kanaleröffnung $= 2{,}4$ cm, und

der Compressionsanfang bei $136^0 = 0{,}86$ des Hubes.

Durch eine nach entgegengesetzter Richtung von B nach b^2 erfolgende Verschiebung des Excentermittels ergeben sich zwar für die Excenterstellung Cb^2 genau dieselben Erscheinungen in der Dampfvertheilung wie für die Stellung Cf^2, aber in Hinsicht ihrer Aufeinanderfolge für eine negative Drehungsrichtung der Kurbel.

Werden in derselben Weise auch für die Stellungen f^3, b^3 und M des Excentermittels Expansionsanfang u. s. w. ermittelt und alle Resultate in einer Tabelle vereinigt, so ist aus derselben das gegenseitige Abhängigkeitsverhältniss der Veränderungen in der Dampfvertheilung zu erkennen.

Unveränderliche lineare Voreilung.

Excenter-stellung	Hub cm	Deckung cm	Lineare Vor-eilung cm	Expansions-Anfang	Linearer Vor-eilungswinkel	Kanaleröff-nung cm	Voreilungs-winkel	Compressions-Anfang
F oder B	12	2,4	0,9	$123^0 = 0{,}77$ Hub	10^0	3,6	$33{,}5^0$	$146{,}5^0 = 0{,}92$ Hub
f^2 „ b^2	9,6	„	„	$106^0 = 0{,}64$ „	14^0	2,4	44^0	$136^0 = 0{,}86$ „
f^3 „ b^3	7,2	„	„	$72^0 = 0{,}34$ „	24^0	1,2	66^0	$114^0 = 0{,}7$ „
M.	6,6	„	„	$44^0 = 0{,}14$ „	44^0	0,9	90^0	$90^0 = 0{,}5$ „

Soll dagegen durch die Excenterverstellung die lineare Voreilung veränderlich, etwa von 0,9 cm im kleinsten Schieberhube bis 0,4 cm im grössten abnehmend werden, so ist das Excentermittel, wie in Fig. 20 angegeben, in einem Kreisbogen von F nach B zu verschieben, wodurch die Stellungen

f^2, f^3, b^2 und b^3 des Excentermittels alsdann dem Wellenmittel C
etwas genähert werden. Ueber die Wirkung einer derartigen
Excenterverstellung geben die in der folgenden Tabelle enthaltenen Resultate, welche in derselben Weise wie diejenigen der
ersteren Tabelle ermittelt sind, genaue Auskunft.

Veränderliche lineare Voreilung.

Excenter-stellung	Hub cm	Deckung cm	Lineare Voreilung cm	Expansions-Anfang	Linearer Voreilungswinkel	Kanaleröffnung cm	Voreilungswinkel	Compressions-Anfang
F oder B	12	2,4	0,4	$129^0 = 0,82$ Hub	4^0	3,6	$27,5^0$	$152,5^0 = 0,94$ Hub
f^2 „ b^2	9,6	„	0,7	$110^0 = 0,67$ „	10^0	2,4	40^0	$140^0 = 0,88$ „
f^3 „ b^3	7,2	„	0,85	$73^0 = 0,36$ „	22^0	1,2	64^0	$115^0 = 0,71$ „
M.	6,6	„	0,9	$44^0 = 0,14$ „	44^0	0,9	90^0	$90^0 = 0,5$ „

Durch eine Vergleichung beider Tabellen mit einander gelangt man zu folgenden allgemeinen Resultaten:

1. Für den Anfang der Expansion und Compression ist es im
   Allgemeinen gleich, ob die Verschiebung des Excenters in
   einer geraden Linie oder in einem Kreisbogen erfolgt; beide
   beginnen um so früher, der lineare Voreilungswinkel und
   der Voreilungswinkel wird um so grösser, je mehr das
   Excentermittel der Mittelstellung M genähert wird.

2. Bei dem kleinsten Schieberhube in der Mittelstellung M
   des Excenters ist die grösste Kanaleröffnung der linearen
   Voreilung gleich, der Kurbelwinkel beim Beginn der Expansion ist gleich dem linearen Voreilungswinkel und dieser
   gleich 90^0, die Compression beginnt desswegen bei halben
   Kolbenhube.

3. Wenn die Kanaleröffnung im kleinsten Schieberhube gleich
   Null sein soll, muss auch die lineare Voreilung gleich Null
   sein und der lineare Voreilungswinkel 90^0 betragen. Der
   Dampf kann dann aber beim kleinsten Schieberhube während
   des ganzen Kolbenhubes nicht in den Cylinder gelangen.

4. Weil ein ungehinderter Dampfeintritt unmittelbar von der
   Weite der Kanaleröffnung abhängig ist, dieselbe sich

aber durch den Schieber — wenn dessen Excenter der Mittelstellung M genähert wird — nach und nach verengt, so muss der auf die Dampfvertheilung bemerkbar werdende Einfluss einer Steurung mit verstellbarem Excenter oder der Einfluss einer derselben in der Wirkung gleichen Coulissensteurung hauptsächlich von der Grösse der linearen Voreilung im kleinsten Schieberhube abhängen.

5. Je nachdem das Excenter in gerader Linie oder in einem Kreisbogen verstellt wird, bleibt die lineare Voreilung unverändert oder nimmt vom grössten bis zum kleinsten Schieberhube zu, in beiden Fällen aber wächst dieselbe mit Verstellung des Excentermittels nach M zu in starkem Grade. — Ist bei kleinstem Schieberhube die Kanaleröffnung gleich Null, so ist der lineare Voreilungswinkel gleich 90^0; da aber bei solcher Schieberanordnung gar kein Dampf in den Cylinder treten kann, so bleibt eine Einwirkung desselben auf den Kolben ausgeschlossen. Erfolgt trotzdem bei solcher Schieberanordnung die Bewegung des Kolbens durch eine von aussen her auf ihn einwirkende Kraft, so wird derselbe von der Mitte des Hubes ab — durch den vom letzten Hube her vorhandenen, im Cylinder eingeschlossenen und in Folge der gezwungenen Bewegung des Kolbens sich comprimirenden Dampf — einen Druck nach der der Bewegung entgegengesetzten Richtung erfahren und dadurch wieder zurück getrieben werden.

6. Um daher die Wirkung der linearen Voreilung für eine gleichförmige Bewegung der Maschine ganz zu berücksichtigen, ist es nicht allein ausreichend nur die Grösse der linearen Voreilung, sondern auch die Grösse des linearen Voreilungswinkels zu kennen; mit anderen Worten: es ist sowohl die lineare Kanaleröffnung als auch die Zeit, in welcher der Schieber dieselbe frei giebt, für die Bewegung des Schiebers in Betracht zu ziehen. Mit einer unveränderlichen linearen Voreilung beginnt die Kanaleröffnung bei grösstem Schieberhube 10^0, bei

kleinstem Schieberhube 44° vor Anfang des Kolbenhubes; der Schieber gebraucht also für dieselbe Eröffnung des Kanales bei letzterer Excenterstellung 4,4 mal längere Zeit als bei ersterer. Da nun die durch einen verengten Kanal eintretende Dampfmenge mehr von der Eintrittsdauer als von der Grösse der Eröffnung abhängt, so würde es ungereimt sein von einer Steurung mit gleichbleibender linearer Voreilung zu erwarten, dass der Dampf in allen Excenterstellungen mit derselben Wirkung in den Cylinder gelange.

Ist die Voreinströmung des Dampfes allein nur zu berücksichtigen, so ist die Anordnung des Excenters immer so zu treffen, dass sich durch eine Verschiebung desselben nach der Mittelstellung zu die lineare Voreilung verringert.

Das Abhängigkeitsverhältniss des Schieberhubes, der linearen Voreilung und der Kanaleröffnung in den einzelnen Stellungen F, f^2, f^3, M, b^3, b^2 und B des Excentermittels eines verstellbaren Excenters lässt sich durch ein einfaches Diagramm Fig. 21 übersichtlich darstellen. Um dasselbe zu construiren, beschreibe man mit der Excentricität CF den Kreis $a'Fd'B$, trage an beide Seiten des vertikalen Kreisdurchmessers, der zugleich die Linie des Compressionsanfanges ist, die äussere Deckung, an diese die lineare Voreilung und lege in diesen Entfernungen vom vertikalen Durchmesser des Excenterkreises, parallel zu demselben, die Linien des Expansionsanfanges und der linearen Voreilung. Durch die Stellungen des Excentermittels F, f^2, u. s. w. lege man parallel zum horizontalen Durchmesser $a'd'$ Linien von unbestimmter Länge, trage auf dieselben, an jede Seite der Linie des Compressionsanfanges, den halben, der jedesmaligen Excenterstellung entsprechenden Schieberhub, so dass von c' ab $c'd' = c'a = CF$ gleich dem grössten halben Schieberhube und von c^2 ab $c^2h = c^2e = Cf^2$ ist, u. s. w. Verbindet man alsdann die Endpunkte d^2, M, h und d, sowie a^2, M^2e und a durch stetig gekrümmte Linien, welche gleichseitige Hyperbeln darstellen, so sind diese die Begrenzungslinien aller Schieberhübe, und das damit fertiggestellte Diagramm giebt in übersichtlicher Weise das Charakteristische der Schieberbewegung für alle Schieberhübe zu erkennen.

Aus demselben ist zu ersehen, dass wenn in besonderem Falle die äussere Deckung einen unveränderlichen Theil ll' des ganzen Schieberhubes beansprucht und ein veränderlicher Ex-

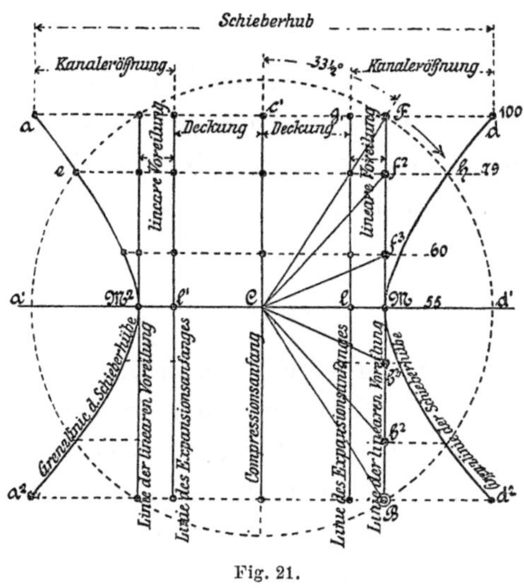

Fig. 21.

pansionsanfang erzielt werden soll, die Kanaleröffnung und folglich auch der Schieberhub in beiden Bewegungsrichtungen festgelegt ist, dass ferner, wenn der Ueberschuss F d oder B d² des halben grössten Schieberhubes über die lineare Voreilung verringert wird, im kleinsten Schieberhube, in der Mittelstellung des Excenters die Kanaleröffnung gleich Null werden kann. — Für die im VI. Theile folgenden Untersuchungen der Coulissensteurungen wird dieses Diagramm benutzt werden, um die Aehnlichkeit der Wirkungsweise einer Coulisse und der eines verstellbaren Excenters nachzuweisen.

Figur 22.

G
D
H
E
G
E
D
d
d
A
Null
A
B
F
M
c
e
e
n
180°
Verlagsbuchhandlung v Julius Springer, Berlin N
Lith Inst v Fr Wiessner, Berlin

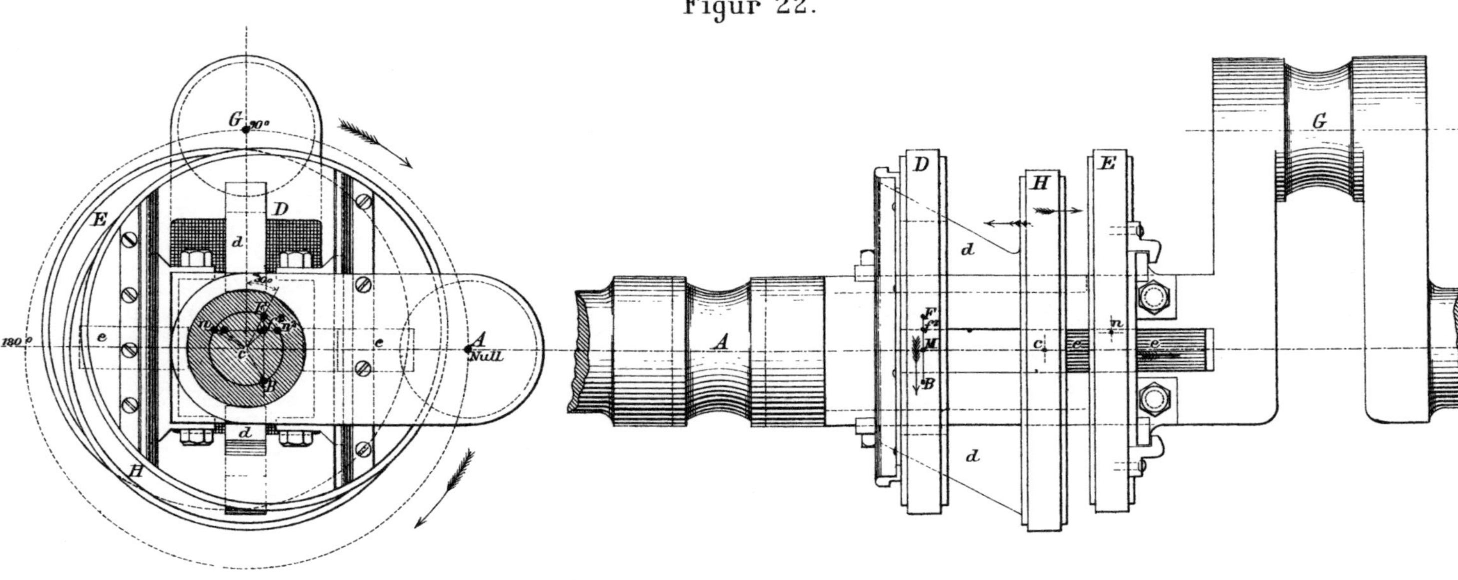

§ 27.
Construction verstellbarer Excenter.

Nachdem im vorigen Paragraphen die Wirkungsweise verstellbarer Excenter untersucht ist, erübrigt es zu zeigen, wie die Construction derselben für die Hervorbringung dieser Wirkungen zu treffen ist.

Alle bislang angewendeten Constructionen waren entweder solche, welche eine Verstellung des Excenters während des Ganges der Maschine zuliessen, oder einen Stillstand derselben bedingten.

Die erste Ausführung eines während des Ganges der Maschine verstellbaren Excenters wurde von Dodd in Newcastle in England im Jahre 1839 angegeben und seine Construction, welche in Fig. 22 dargestellt ist, ihm patentirt. Dodd's Absicht war, durch die Excenterverstellung nur eine Bewegungsumkehrung der Maschine herbeizuführen; dass seine Construction zugleich auch eine Veränderung der Expansion zuliess, war ihm derzeit noch unbekannt. Diese Eigenschaft der Dodd'schen Erfindung wurde indessen bald darauf von Dubs in Glasgow entdeckt und von demselben alsdann verstellbare Excenter mit geringen Abweichungen von der in Fig. 22 angegebenen Construction für die Steurungen vieler Locomotiven mit guten Erfolgen angewendet.

In der Anordnung der Excenter, wie dieselbe in Fig. 22 angegeben ist, steht die Kurbel A der Treibachse im Nullpunkte, die andere Kurbel G rechtwinklig zu derselben. Der Schieber des zur Kurbel A gehörenden Cylinders erhält seine Bewegung vom Excenter D, dessen Mittel f^2 quer zur Treibachse nach irgend einem zwischen F und B gelegenen Punkte verschoben werden kann. Die Verschiebung des Excenters D erfolgt durch die schiefen Flächen der beiden mit der Scheibe H in einem Stück hergestellten Rippen d d. Zwei andere, rechtwinklig zu diesen gestellte, denselben vollkommen gleiche und mit der Scheibe H in einem Stück hergestellte Rippen verschieben das

Excenter E, welches den Schieber des zur Kurbel G gehörenden Cylinders bewegt. Durch Verschieben der Scheibe H auf der Treibachse bis zur Berührung mit dem Excenter D wird das Mittel des letzteren von f^2 nach B, dasjenige des Excenters E von n^1 nach n^2 verlegt und beiden Excentern werden dadurch Stellungen gegeben, welche die Rückwärtsbewegung der Treibachse herbeiführen. Wird dagegen die Scheibe H bis an das Excenter E verschoben, so erhalten die Excenter die Stellungen F, bezw. n für den Vorwärtsgang der Maschine. Je mehr H der Mitte zwischen D und E genähert wird, um so früher beginnt durch beide Excenter die Expansion in der Weise, wie durch Fig. 19 erklärt worden ist.

Man überzeugt sich leicht, dass diese Doddsche Construction der Excenterverstellung keine Ausgleichung der durch die Treibstange im Expansions- und Compressionsanfange entstehenden Ungleichheiten zulässt, wenn nicht im kleinsten Schieberhube Ungleichheiten der Kanaleröffnungen herbeigeführt werden sollen, die in ihren Wirkungen viel schädlicher sind als die durch Gleichstellung des Expansions- und Compressionsanfanges zu beseitigenden Uebelstände.

Diejenigen Excenter, welche eine Verstellung nur während eines Stillstandes der Maschine gestatten, finden vorzugsweise bei Locomobilen Anwendung, die in der Regel nicht für eine während des Ganges umzukehrende Bewegung eingerichtet werden. Die Anordnung und Construction eines derartigen Excenters zeigt Fig. 23.

Der auf der Welle befestigte Ring H trägt an seiner linken Seite in einem Lappen den Zapfen A, um den das Excenter E drehbar ist. In einem anderen, auf der rechten Seite des Ringes angebrachten Lappen steckt lose der Schraubenbolzen D, der durch einen Schlitz des Excenters E führt und ein Festklemmen desselben gegen den Ring H gestattet. Das Excenter ist mit seinem Mittel F in der dem grössten Schieberhube des Vorwärtsganges entsprechenden Stellung gezeichnet und demselben in dieser Lage ein Voreilungswinkel von 30^0 gegeben. Um dasselbe in die Stellung für den grössten Schieberhub des Rückwärts-

ganges zu bringen, ist nur erforderlich die Schraube D zu lösen,
das Excenter um den Zapfen A soweit zu drehen, bis der Punkt d
mit dem Bolzenmittel D zusammenfällt und in dieser Lage mit
der Schraube wieder festzustellen. Die Drehung des Excenters
um A überträgt sich dabei auf das Excentermittel F in der Weise,
dass letzteres in einem Kreisbogen vom Halbmesser AF, quer
zur Welle, bis zum Punkte B verschoben wird und dadurch nach
und nach Stellungen erhält, welche — wie in Fig. 20 gezeigt

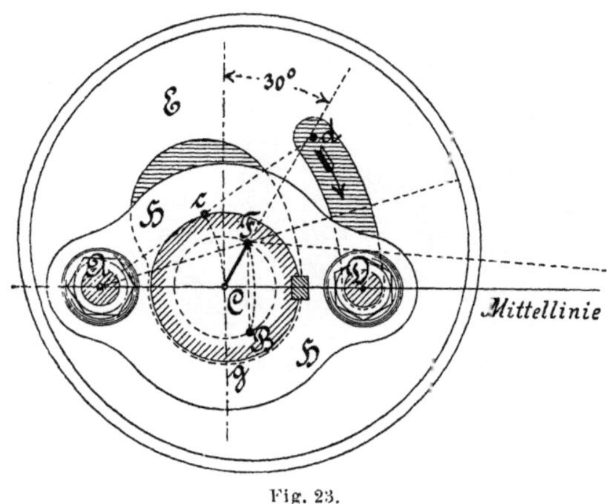

Fig. 23.

worden ist — eine Vergrösserung der linearen Voreilung im Vor-
wärts- und Rückwärtsgange, vom grössten bis zum kleinsten
Schieberhube, herbeiführen.

Soll mit dieser Construction eine in allen Excenterstellungen gleich bleibende lineare Voreilung erhalten werden, so muss
der Schlitz D d nach einem kleineren Halbmesser als AD ist,
gekrümmt und die Aussparung im Excenter für die durchtretende
Kurbelwelle entsprechend erweitert werden. Wird dann noch
das Zapfenloch A im Excenter in der Richtung AF länglich
gestaltet, so kann mit dem Schrauberbolzen D die Verschiebung
des Excentermittels in gerader Linie von F nach B erzwungen
werden.

Fig. 23 zeigt auch, wie die Bestimmung des Excenterdurch-
messers und des Excentermittels F vorzunehmen ist, wenn sich
die Aussparung für die durchtretende Kurbelwelle in der Ex-

centerscheibe symmetrisch zum Excenterdurchmesser stellen soll.
Die Construction eines auf diese Art gestalteten Excenters ist,
wie folgt, vorzunehmen:

1. Man beschreibe um C als Mittelpunkt den Kreis cg, dessen
    Durchmesser gleich dem der Kurbelwelle ist.

2. Auf einen angemessen gewählten Excenterdurchmesser be-
    stimme man das Zapfenmittel A in der Mittellinie der
    Excenterbewegung so nahe an der Welle liegend, wie es

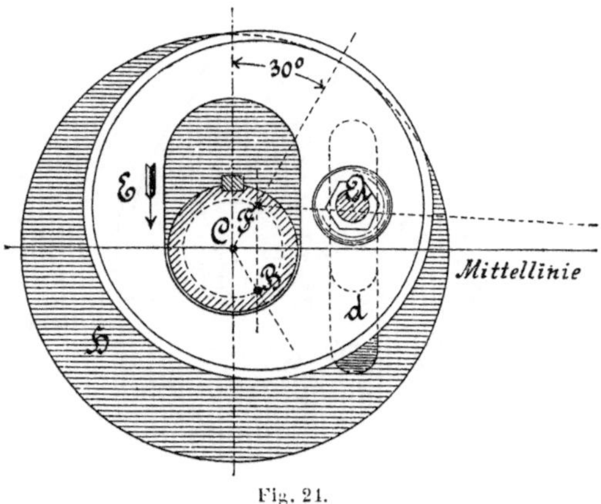

Fig. 21.

die nothwendig erforderliche, geringste Stärke des Excenters
zulässt.

3. Um A als Mittelpunkt beschreibe man mit AC als Halb-
    messer den Bogen Cc bis zu dessen Schnittpunkte c mit
    dem Wellenumfange, und halbire mit AF den Winkel CAc.

4. Den verlangten Voreilungswinkel lege man hierauf an den
    vertikalen Wellendurchmesser. Der Schnittpunkt F des
    Schenkels CF dieses Winkels mit dem Excenterdurch-
    messer AF bestimmt dann die Lage des Excentermittels
    für den grössten Schieberhub des Vorwärtsganges und ein
    um F als Mittelpunkt gelegter Kreis, der das Zapfenloch
    A in einer für die ausreichende Festigkeit der Excenter-
    scheibe genügenden Entfernung einschliesst, den erforderlich
    kleinsten Durchmesser des Excenters. — Die Entfernung
    CF ist gleich dem halben, grössten Schieberhube und ein

mit CF als Halbmesser beschriebener Kreis der Hubkreis
des Excenters. Den linearen Voreilungswinkel wählt man
gewöhnlich dem Expansionsanfange bei 0,75 des Hubes
entsprechend, ungefähr 30°; eine Vergrösserung desselben
hat eine Vergrösserung des Schieberhubes, der Deckung
u. s. w. zur Folge.

Fig. 24 zeigt die Construction eines verstellbaren Excenters
für eine Verschiebung desselben in gerader Linie quer zur Welle. —
Der Ring H ist bei dieser Construction grösser als die Excenter-
scheibe E und auf der Welle befestigt. Das Excenter E wird
in seiner jeweiligen Lage durch den Schraubenbolzen A gesichert,
und das Bestreben desselben, an der Wellendrehung Theil zu
nehmen, durch eine mit dem Excenter in einem Stück hergestellte, in einem Schlitze d der Scheibe H genau geführte Feder
verhindert.

Coulissensteurungen.

Die verschiedenen mit dem Namen „Coulisse" bezeichneten Mechanismen zeigen bezüglich ihrer Anordnungen und ihrer Einwirkungen auf die Dampfvertheilung viel Aehnlichkeit mit einander. Alle haben die Bestimmung, die Bewegungsumkehrung einer Maschine herbeizuführen, welche der Maschinist mit Hülfe derselben in nicht längerer Zeit zu bewirken im Stande ist, als die Umstellung der Steurung erfordert und die Ueberwindung der lebendigen Kraft, welche den Massen der sich bewegenden Theile der Maschine innewohnt, beansprucht.

Zur Zeit als die erste Coulissensteurung erfunden war, wurde dieselbe nur für die Umkehrung der Bewegungsrichtung einer Maschine verwendet; erst nachdem bekannt war, dass durch eine Coulisse auch die Expansionsdauer verändert werden konnte, besass man ein Mittel, die Arbeitsleistung einer Maschine ihrem jeweiligen Widerstande anpassen zu können.

Die grosse Einfachheit der meisten heutigen Tages gebräuchlichen Coulissensteurungen, in Verbindung mit ihrer eben genannten Eigenschaft, als Expansions-Regulator verwendet werden zu können, hat denselben im Maschinenbau den Vorzug vor allen anderen Bewegungsumkehrungen herbeiführenden Steurungen gegeben, so dass sie hierfür zur Zeit als die verbreitetsten aller Expansionssteurungen anzusehen sind und daher vornehmlich für Locomotiven und Schiffsmaschinen Verwendung gefunden haben, welche bei sehr veränderlichen Arbeitsleistungen eine Umkehrung ihrer Bewegungsrichtung gestatten müssen.

Von allen bekannten Coulissensteurungen sollen hier nur die am häufigsten Verwendung findenden, nämlich:

1. Die Stephensonsche Steurung mit beweglicher Coulisse,
2. die Goochsche Steurung mit fest aufgehängter Coulisse,
3. die Allansche Steurung mit gerader Coulisse und
4. die Walschaertsche Coulissensteurung

näher untersucht werden.

Die Steurung mit beweglicher Coulisse wurde 1843 von Howe erfunden und von Robert Stephenson als Locomotivsteurung zuerst verwendet. Sie ist thatsächlich die verbreitetste aller Coulissensteurungen und bis heutigen Tages, nach den Erfahrungen eines nahezu halben Jahrhunderts, mit unwesentlichen Aenderungen ihrer ursprünglichen Anordnung und Gestaltung unverändert geblieben.

Zur Zeit der ersten Anwendungen dieser Howeschen Steurung erfand Daniel Gooch die nach ihm benannte Steurung mit fest aufgehängter Coulisse, welche eine der beweglichen Coulisse sehr ähnliche Dampfvertheilung giebt und in England, wie auch auf dem Continente, grosse Verbreitung gefunden hat.

Die von Allan in England und mit unwesentlichen Abweichungen fast gleichzeitig von Trick in Deutschland erfundene Steurung mit gerader Coulisse vereinigt das Charakteristische der Howeschen und Goochschen Steurung, besitzt aber den beachtenswerthen Vortheil der besseren Ausgleichung ihrer sich bewegenden Theile und lässt sich in Folge dessen leichter umstellen als die beiden zuerst genannten Coulissen. Die Verwendung dieser Steurung ist in neuerer Zeit, so namentlich in Deutschland, für Locomotiven eine ausgedehnte geworden.

Die von Walschaert in Belgien und gleichzeitig von Heusinger von Waldegg in Deutschland erfundene Coulissensteurung hat in Belgien für Locomotiven eine ausgedehnte Anwendung gefunden, ist aber bislang ausserhalb dieses Landes wenig beachtet worden. Sollte es in Zukunft nicht gelingen, die Construction

Additional material from *Die practische Anwendung der Schieber- und Coulissensteuerungen,*

ISBN 978-3-662-32319-9 (978-3-662-32319-9_OSFO2),

is available at http://extras.springer.com

dieser Steurung zu vereinfachen, so wird ihre Verbreitung wahrscheinlich nie eine den anderen Steurungen gleiche werden.

Die folgenden Untersuchungen werden sich vornehmlich auf die Steurung mit beweglicher Coulisse beschränken. Es werden für dieselbe die Gesetze ihrer Bewegungen unter verschiedenen gegebenen Bedingungen ermittelt und auf Grund derselben eine graphische Methode für die Bestimmung der Verhältnisse und Dimensionen ihrer Theile angegeben werden. Die Anwendung derselben Methode wird darauf im Allgemeinen auch für die drei anderen Steurungen gezeigt werden, indessen nicht in der ausführlichen Weise wie für die bewegliche Coulisse.

§ 28.

Beschreibung der Steurung mit beweglicher Coulisse.

Die allgemeine im amerikanischen Locomotivbau übliche Anordnung einer Steurung mit beweglicher Coulisse zeigt Fig. 25. Auf der Treibachse der Locomotive ist für jeden der beiden Cylinder ein Vorwärts- und ein Rückwärtsexcenter befestigt, deren Mittel F und B sich in den entgegengesetzten Stellungen eines einfachen, verschiebbaren Excenters (Fig. 19) befinden. Die Bügel der Excenter sind mit ihren Stangen verschraubt und letztere, nach dem Dampfcylinder zugekehrt, mit der Coulisse durch Gelenkbolzen verbunden. Der Steurungsschieber steht mit dem oberen Arme eines Schwingehebels in beweglicher Verbindung, und ein auf dem Zapfen des unteren Schwingehebelarmes drehbar befestigter Stein passt genau, aber leicht verschiebbar, in den nach einem Kreisbogen gekrümmten Coulissenschlitz. Auf der Mitte des Coulissenrahmens ist ein Sattel befestigt, an dessen Zapfen Coulisse und Excenterstangen mittelst einer Schiene aufgehängt sind. Diese Hängeschiene umschliesst mit einem Auge an ihrem oberen Ende den Zapfen des einen Steuerwellenhebels, der, wie auch ein zweiter Hebel für die Bewegung des Schiebers, fest mit der Steuerwelle verbunden ist. Die Lage der Steuerwelle ist in gut befestigten Lagern gesichert und durch die mit dem vertikal stehenden Steuerwellenhebel verbundene Steuerstange in ihren Stellungen begrenzt.

Die Coulisse, welche in ihrer in Fig. 25 gezeichneten Stellung den grössten Hub des Vorwärtsganges vollführt, überträgt in derselben die ganze Bewegung des Excenters F, unter gänzlichem Ausschluss derjenigen des Excenters B, auf den Schieber. Durch Zurücklegen der Steuerstange wird der Zapfen der anderen Excenterstange mit dem Zapfen des unteren Schwingehebelarmes in eine Linie gebracht, dem Excenter F seine Einwirkung auf die Coulisse entzogen, dem Excenter B dieselbe wieder ertheilt und der Coulisse die für eine negative Kurbeldrehung erforderliche Lage gegeben, welche der Excenterstellung B in Fig. 19 entspricht. Wird die Coulisse in eine zwischen diesen beiden Grenzlagen befindliche Stellung verschoben, so erfolgt durch dieselbe, wie durch ein verschiebbares Excenter, eine früheren Expansions- und Compressionsanfang gebende Schieberbewegung.

———

§ 29.

Aehnlichkeit zwischen der Schieberbewegung einer beweglichen Coulisse und der eines verstellbaren Excenters.

Eine von zwei festen Excentern bewegte und passend aufgehängte Coulisse giebt in Hinsicht ihrer Wirkungsweise genau Ersatz für ein bewegliches, quer zur Welle verschiebbares Excenter. In derselben Weise wie letzteres eine Aenderung seiner Bewegung zulässt, um die Wirkungen der durch die endliche Treibstangenlänge hervorgerufenen Unregelmässigkeiten im Expansions- und Compressionsanfange auszugleichen, gestattet dies auch die Coulisse.

Um diese Gleichartigkeit zwischen der Schieberbewegung einer Coulisse und der eines verstellbaren Excenters nachzuweisen, ist es nöthig die ganze Steurung Fig. 25 schematisch wie in Fig. 26 darzustellen und die Coulisse in ihren verschiedenen Lagen während einer ganzen Kurbelumdrehung zu verfolgen. Zu diesem Zweck ist der Kurbelkreis ED in 12 gleiche Theile zu theilen und für jede Stellung der Kurbel in einem dieser Theilpunkte die zugehörige Coulissenlage aufzusuchen. Zu der Kurbelstellung im Nullpunkte, im Punkte No. 1, gehört die Coulissenlage 11, zu derjenigen im Punkte No. 7 die Coulissenlage 77 in Fig. 27 u. s. w. Innerhalb des Kurbelkreises ist der Excenterkreis FBb^7 mit der Excentricität $CF = CB$ als Halbmesser zu beschreiben und dessen Umfang, das eine Mal von F aus, das zweite Mal von B aus als erster Theilpunkt, in 12 gleiche Theile zu theilen. Dreht man alsdann die Kurbel aus ihrer Stellung No. 1 in diejenige No. 2, so verschieben sich die Excentermittel F und B in die Stellungen f^2 bezw. b^2 und auf dieselbe Weise für jede beliebige andere Kurbeldrehung um denselben Winkel, um welchen die Kurbel gedreht wird. Selbstverständlich sind die Anfangsstellungen F und B der Excentermittel dabei so zu treffen, dass die Richtungen derselben mit der Normalen zur Kurbelrichtung den für den verlangten Expansionsanfang erforderlichen Voreilungswinkel einschliessen.

In der Entfernung Ct vom Wellenmittel ist Tt lothrecht zur Bewegungsmittellinie zu errichten und im Punkte T das Steuerwellenmittel festzulegen. Th ist der mittelst Hängeschiene die Coulisse tragende Steuerwellenhebel und $h\,h'h''$ ein mit seiner Länge um T als Mittelpunkt beschriebener Kreisbogen. Eine zweite, in der Entfernung CA vom Wellenmittel zur Bewegungsmittellinie errichtete Lothrechte führt durch das Mittel der Schwingewelle, um welches deren unterer Hebel im Bogen $r\,A\,r$ schwingt. Da der obere Schwingehebelarm mit dem unteren gleich lang vorausgesetzt wird, so ist die Bewegung des Zapfens am oberen Arme genau gleich aber entgegengesetzt von der des Zapfens am unteren Arme und desswegen, bei genauer Stellung der Voreilungswinkel, die Bewegung des oberen Schwingehebelarmes für die Bestimmung der Schieberbewegung — ohne einen Irrthum herbeizuführen — ganz ausser Betracht zu lassen.

Jede Schwingung des unteren Hebels enthält 5 wichtige Stellungen seines Zapfens, nämlich: eine Stellung, in welcher der Schieber, sobald derselbe keine innere Deckungen hat, den

Dampfaustritt entweder beginnen lässt oder aufhebt, zwei Stellungen, in welchen der Schieber bei grösstem Hube der Coulisse eine der linearen Voreilung entsprechende Kanaleröffnung giebt und zwei Stellungen, in welchen der Schieber den Einlasskanal schliesst, die Expansion also anfangen lässt. Die erste Stellung ist offenbar die normal zur Bewegungsmittellinie gerichtete Stellung RA des Schwingehebels, bei welcher der Schieber in mittlerer Stellung steht; die zweite und dritte Stellung ist Rd bezw. Rd', in welchen der Schwingehebelzapfen um den Bogen Ad = der Summe der äusseren Deckung und der linearen Voreilung von seiner Mittelstellung A abgewichen ist, und die vierte und fünfte Stellung ist Rl bezw. Rl', in welchen der Zapfen sich um eine der äusseren Deckung des Schiebers gleiche Entfernung von seiner Mittelstellung fortbewegt hat. Soweit also nur die Schieberbewegung in Frage kommt, ist die Bewegung des Schwingehebelzapfens A auf dem Kreisbogen rr allein in Betracht zu ziehen. Um auf demselben die bezeichneten fünf wichtigen Stellungen des Schwingehebelzapfens zu ermitteln, hat man um den Austrittspunkt A als Mittelpunkt einen Kreis d'd mit einem Halbmesser gleich der äusseren Deckung plus der linearen Voreilung, und innerhalb desselben einen zweiten Kreis ll' mit einem Halbmesser gleich der äusseren Deckung zu legen. Die vier Schnittpunkte, in welchen beide Kreise den Bogen rr schneiden, müssen dann nothwendiger Weise diejenigen Stellungen des Schwingehebelzapfens sein, welche den Schieberstellungen bei einer der linearen Voreilung gleichen Kanaleröffnung und beim Beginn der Expansion angehören, während die Stellung des Zapfens im Mittelpunkte A beider Kreise der Schieberstellung beim Beginn der Compression entsprechen muss. Da diese Stellungen des Zapfens A in jeder Schwingung des Hebels in derselben Aufeinanderfolge erscheinen, so mag wiederholt werden, dass der lineare Voreilungskreis dd' die Punkte des Bogens rr bestimmt, in welchen der Schwingehebelzapfen stehen muss, wenn der Schieber lineare Voreilung zu geben hat, und dass der Deckungskreis ll' die Stellungen festlegt, in welchen der Schieber die Dampfkanäle für den Dampfeintritt zu schliessen hat.

7*

Die nächste Aufgabe wird nun sein, die Coulisse an sich auf ihre einfachste und für diese Untersuchung geeignetste Form zu bringen.

Nach näherer Betrachtung der Fig. 25 erkennt man, dass die Bewegungen des Schwingehebelzapfens auch die Führung des nach dem Halbmesser CA gekrümmten Bogens der Coulisse mit übernehmen, und dass an der Bewegung des geführten Coulissenbogens drei mit demselben unabänderlich verbundene Punkte, nämlich: der Aufhängepunkt der Coulisse und die beiden Angriffspunkte der Excenterstangen theilnehmen. Die von beiden Excentern aus erfolgende, durch den Schwingehebel sowie durch die Hängeschiene beeinflusste Bewegung der Coulisse und ihrer Verbindungstheile, lässt sich genau mit Hülfe einer aus dünnem, hartem Holze angefertigten Chablone LL des Coulissenbogens, in welcher durch V förmige Einschnitte die Zapfenmittel f, S und b bezeichnet sind, wie folgt, ermitteln.

Nimmt die Kurbel die Stellung No. 1 ein, so muss der Einlasskanal in einer der linearen Voreilung gleichen Weite geöffnet sein, der untere Schwingehebelarm die Stellung Rd einnehmen und der Punkt d im Coulissenbogen liegen. Da nun beide Excentermittel F und B bei dieser Kurbelstellung in einer Normalen zur Bewegungsmittellinie liegen und beide Excenterstangen gleich lang sind, so muss die Lage der Coulisse eine nahezu vertikale sein. Wird der äussere Bogen der Chablone mit dem Punkte d in Berührung gebracht, so giebt der auf das unter der Chablone befestigte Papier übertragene und in der Bewegungsmittellinie liegende Punkt f in seiner Entfernung vom Excentermittel die genaue Länge der Excenterstange. Durch Beschreiben kurzer Kreisbögen fg und bh mit der Excenterstangenlänge als Halbmesser und um die Excentermittel F und B als Mittelpunkte, sowie durch Verschieben der Chablone bis die Spitzen f und b der V förmigen Einschnitte derselben in die Kreisbögen fg und bh fallen und der Punkt d den Bogen der Chablone berührt, wird durch eine an denselben entlang gelegte Linie die Lage 1 1 der Coulisse erhalten. Wird hierauf um den Aufhängepunkt S als Mittelpunkt, mit der Hängeschienenlänge als Halbmesser, ein Kreisbogen beschrieben, so bestimmt der Schnittpunkt h desselben mit dem Bogen h h' h'' die Stellung T h des Steuerhebels für den grössten Hub der Coulisse im Vorwärtsgange und umgekehrt der Bogen c S c den Weg des Aufhängezapfens.

Die ganze Steurung in Fig. 25 ist jetzt auf ihre einfachste, geometrische Gestaltung Fig. 26 gebracht und die Coulissen-

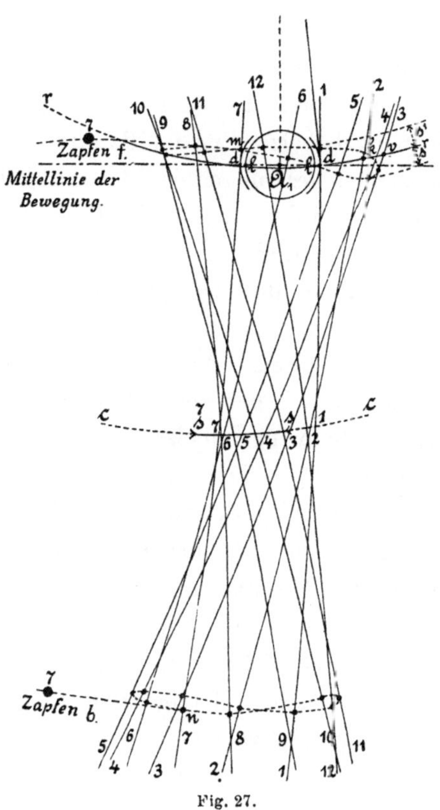

Fig. 27.

lage 1 1 in Fig. 27 bestimmt. Es erübrigt jetzt noch den Coulissen-bogen in seiner Bewegung während einer ganzen Kurbelumdrehung zu verfolgen, um dann einen Vergleich zwischen den Bewegungs-erscheinungen eines verstellbaren Excenters und denjenigen einer beweglichen Coulisse zu ziehen.

Hierfür sei vorausgesetzt, dass die Kurbel sich in ihrer Stellung No. 2 befindet und die Excentermittel die zugehörigen

Stellungen f^2 und b^2 eingenommen haben. Wegen der unveränderlichen Länge der Excenterstangen verschieben sich die
Bögen fg und bh aus ihren anfänglichen Lagen und mit ihnen
die beiden Punkte b und f, wobei die Bewegung des Aufhängezapfens S in dem Bogen c S c der alleinige auf die Verschiebung
der Chablone einwirkende Zwang ist. Durch Beschreiben neuer
Kreisbögen um die Excentermittel f^2 und b^2, sowie durch Verschieben der Chablone bis deren Punkte f und b in diese Bögen
fallen und der Punkt S in den Bogen c S c fällt, ist die neue Lage
der Coulisse ermittelt, deren Bogen 2 2 in Fig. 27 den Kreisbogen rr des Schwingehebelzapfens im Punkte k schneidet. Da
der Schwingehebelzapfen gezwungen der Bewegung des Coulissenbogens folgt, so muss sich derselbe bei der Bewegung der Kurbel
aus der Stellung No. 1 in diejenige No. 2 seitwärts von d nach
rechts verschieben und bei der Kurbelstellung No. 2 durch den
Schieber den Einlasskanal um die horizontale Entfernung der
Punkte d und k weiter öffnen. Auf ganz dieselbe Weise wird
die zur Kurbelstellung No. 3 gehörende Lage 3 3 des Coulissenbogens gefunden; der Schwingehebelzapfen nimmt entsprechend
derselben die Stellung V (Fig. 27) auf dem Bogen rr ein und hat
dadurch den Einlasskanal wiederum weiter geöffnet. Wird auch
mit der Bestimmung der zu den übrigen 9 Kurbelstellungen gehörenden Lagen des Coulissenbogens in derselben Weise verfahren, so geben dieselben mit den soeben gefundenen drei
Lagen zusammen ein genaues Bild der Coulissenbewegung während
einer ganzen Kurbelumdrehung. Unter allen 12 Einzellagen der
Coulisse ist 3 3 diejenige, in welcher die grösste Kanaleröffnung
auftritt, und von welcher aus, sobald sich die Kurbel ihren Stellungen No. 4 und Nr. 5 nähert, die Kanaleröffnung wieder verengt wird, bis bei einer Kurbelstellung zwischen No. 5 und No. 6,
entsprechend der Stellung des Schwingehebelzapfens in 1, der
Eintrittskanal ganz geschlossen ist und die Expansion ihren Anfang nimmt. Bei weiterem Fortgange der Kurbel in der Pfeilrichtung dauert die Expansion an, bis der Schwingehebelzapfen
die Stellung A erreicht und der Dampfaustritt beginnt. In der
Kurbelstellung No. 7 endlich, nach einer Drehung der Kurbel

um 180°, tritt der Coulissenbogen wieder mit dem linearen Voreilungskreise in Berührung und derselbe Vorgang in der Dampfvertheilung beginnt von Neuem für den Rückgang des Kolbens.

Dieselbe Anzahl Lagen des Coulissenbogens können sowohl durch Verschiebung der Coulisse in ihre Stellung für den grössten Schieberhub des Rückwärtsganges als auch in diejenige für den mittleren Schieberhub erhalten werden. Für die vorliegende Unter-

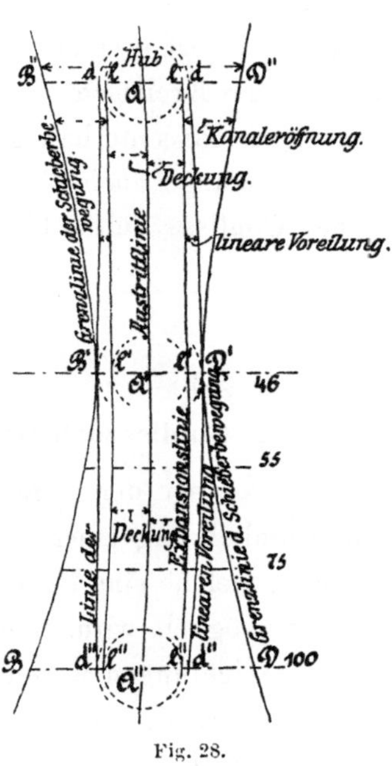

Fig. 28.

suchung ist dies indessen entbehrlich, sofern sich dadurch dieselben Lagen in umgekehrter Aufeinanderfolge oder denen ähnliche ergeben würden. Um daher das Charakteristische der ganzen Bewegung kennen zu lernen, genügt es, die gefundenen Coulissenlagen allein in Betrachtung zu ziehen.

Legt man in Fig. 27 an die äussersten Lagen des Coulissenbogens die tangirenden Kurven B B′ B″ und D D′ D″, so werden die Begrenzungslinien der Coulissenbewegung Fig. 28 erhalten. Beschreibt man innerhalb derselben vom Wellenmittel C aus mit dem Halbmesser CA den Kreisbogen A A′ A″ in unbestimmter Länge sowie in gleichen Abständen von demselben

die beiden Kreisbögen 1 1′ 1″ des Expansionsanfanges und zeichnet
alsdann die Kurven d D′ d″ und d B d″ tangential an alle Cou-
lissenbogenlagen 11 und 77, so geben die beiden letzteren Kurven in ihren horizontalen Entfernungen von den Kreisbögen des
Expansionsanfanges das Eigenthümliche in der Veränderung der
linearen Voreilung zu erkennen.

Durch einen Vergleich der Figuren 21 und 28 ersieht man,
dass die bewegliche Coulisse mit ihren Excentern genau dieselben Erscheinungen in der Schieberbewegung hervorbringt, wie das
quer zur Kurbelwelle in einem Kreisbogen verstellbare Excenter,
und dass daher alle aus jener Excenterbewegung gezogenen Fol-
gerungen in ihrem ganzen Umfange auch für die Bewegung einer
Steurung mit beweglicher Coulisse gültig bleiben.

———

§ 30.
Regulirung der Coulissensteurungen.

Alle Coulissen besitzen ausser der Eigenschaft, welche dieselben für die Bewegungsumkehrung einer Maschine verwendbar
macht, auch diejenige, durch welche eine Regulirung der hervorge-
brachten Schieberbewegung möglich wird, und durch die sie sich
von anderen Umsteurungsvorrichtungen wesentlich unterscheiden.

Im § 17 ist ermittelt worden, dass die Treibstange einer
vorwärts arbeitenden Maschine im Kolbenhingange einen
verspäteten und im Kolbenrückgange einen verfrüheten Expansionsanfang hervorbringt. Da aber eine Coulisse den Expansionsanfang in jedem Kolbenhube von dem Grade ihrer Erhebung
oder Senkung über ihre Mittellage abhängig macht, so folgt, dass
bei entsprechender Aufhängung derselben, wie für die erforderliche Erhebung der Coulisse im Vorwärtsgange nothwendig ist,
eine vollkommen gleichgestellte Schieberbewegung in dieser Coulissenlage erreicht werden kann. Umgekehrt folgt hieraus, dass,
wenn für alle Coulissenlagen die Schieberbewegung gleichgestellt
ist, alsdann die Coulisse in irgend einem zwischen dem grössten
Hube des Vor- und Rückwärtsgange befindlichen Punkt aufgehängt

werden kann ohne merkbare Ungleichheiten im Expansions- und Compressionsanfange auftreten zu lassen.

In Wirklichkeit stellt sich dem aber ein Hinderniss entgegen, das durch die störenden Einwirkungen des im Coulissenschlitze auf und nieder gleitenden Coulissensteines hervorgerufen wird. In jeder, in dem Bogen r r erfolgenden Schwingung des auf dem Schwingehebelzapfen beweglichen Coulissensteines senkt und hebt sich derselbe, und in Folge dessen gleitet die Coulisse in jeder Kurbelumdrehung um eine gewisse Länge an demselben auf und nieder. Ist der Betrag dieser Coulissenverschiebung in einer Lage der Coulisse, mit welcher die Maschine längere Zeit hindurch arbeitet, gross, so nutzen sich die Gleitflächen im Coulissenschlitz an den betreffenden Stellen bald ab, und eine todte Bewegung der Coulisse, die eine ungenaue Wirkungsweise der ganzen Steurung nach sich zieht, ist die Folge.

Um daher eine brauchbare und gut wirkende Steurung zu erhalten, muss die Coulissenverschiebung, — die zugleich mit der Gleichstellung der Schieberbewegung im engen Zusammenhange steht, und für welche bei Schiffsmaschinen in vielen Fällen die Gleichstellung des Expansionsanfanges bis zu einem gewissen Grade geopfert wird — auf ihren möglichst kleinsten Betrag zurück geführt werden.

In Fig. 27 sind die Bewegungen der beiden festen Punkte m und n des Coulissenbogens durch die punktirten Linien angedeutet. Die obere beider Kurven giebt die Abweichungen des Punktes m vom Bogen r r nach unten und oben zu erkennen und bestimmt die ganze Coulissenverschiebung durch die Summe der beiden Abstände s und s'.

Es ist von grosser Wichtigkeit stets zu beachten, dass die Verschiebungen der Coulisse um so kleiner werden, je mehr der Coulissenstein dem Aufhängepunkte genähert wird, und dass für einen gewählten Aufhängepunkt möglichst kleine Verschiebungen erzielt werden, wenn der Zapfen des Coulissensteines so nahe wie möglich dem Aufhängezapfen am Coulissensattel gebracht wird.

§ 31.
Verbindung der Excenterstangen mit den Excentern.

Der veränderliche Charakter der linearen Voreilung einer Steuerung mit beweglicher Coulisse ist von der Art und Weise der Verbindung der Excenterstangen mit den Excentern, und die Grösse der linearen Voreilung von der Länge dieser Stangen abhängig. Die Richtigkeit dieser Behauptungen ergiebt sich durch nähere Betrachtung der Figuren 29 und 30, in welchen die Excentermittel b und f zwischen den Wellenmitteln und den Coulissen liegen, damit letztere der Vereinfachung beider Figuren halber ohne Schwingehebel auf die Schieber einwirken können. Die Lagen No. 1 der Coulissen sind die Mittellagen und No. 2 die äussersten Lagen des Vorwärtsganges. Wenn sich unter diesen Umständen die Excenterstangen kreuzen, wie in Fig. 29, so nimmt die lineare Voreilung von der äussersten nach der mittleren Coulissenlage hin ab, in der die Schieberbewegung dann in der Regel ohne lineare Voreilung ausgeglichen ist.

Sind dagegen die Excenterstangen, wie in Fig. 30, offene, so nimmt die lineare Voreilung von der äussersten nach der mittleren Coulissenlage hin zu, und der Grad dieser Zunahme ist dabei für eine gegebene Coulisse unmittelbar von der Länge der Excenterstangen abhängig. Aus diesem Grunde ist für eine gegebene lineare Voreilung in der mittleren Coulissenlage diejenige in der äussersten Lage vornehmlich nach der Länge der Excenterstangen zu bestimmen. In Fällen, in welchen die Expansion durch einen zweiten, von einem besonderen Excenter aus bewegten Schieber erfolgt, werden die Excenterstangen gewöhnlich gekreuzt, und nach der Schlussfolgerung 6) des § 26 darf angenommen werden, dass eine derartige Steuerungsanordnung hinsichtlich der Dampfvertheilung auch gute Resultate geben kann. Zudem gestatten gekreuzte Excenterstangen den Stillstand einer Maschine allein durch Verstellung der Coulisse in ihre Mittellage, was für gewöhnlich durch eine Coulisse mit offenen Stangen, die in ihrer Mittellage die Einlasskanäle in der Weite der linearen Voreilung öffnet, nicht zu erreichen ist.

Die lineare Voreilung in der Mittellage der Coulisse schwankt bei Locomotiven zwischen 0,65 und 1,3 cm, ist gewöhnlich 0,95 cm und nimmt, je nachdem die Excenterstangen kurz oder lang sind, in den äussersten Coulissenlagen bis 0,16 bezw. 0,48 cm ab.

Bei der fest aufgehängten Coulisse ist die lineare Voreilung in allen Lagen der Schieberschubstange unveränderlich, so dass,

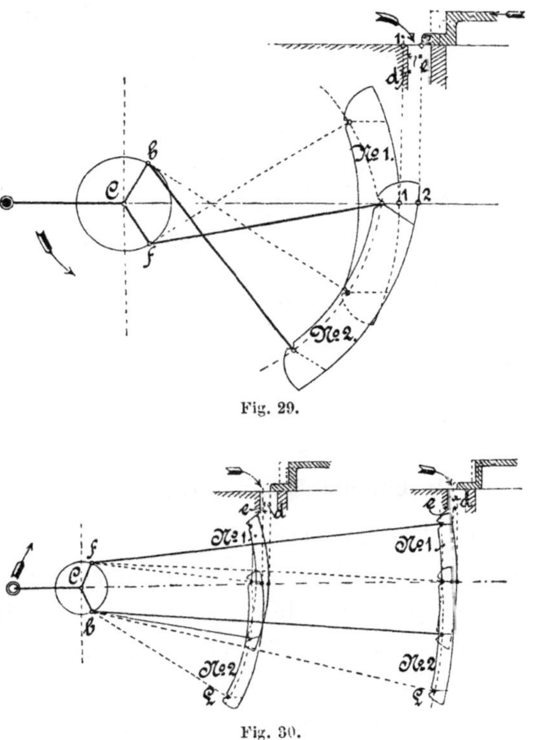

Fig. 29.

Fig. 30.

wenn man 0,9 cm als passenden Mittelwerth für dieselbe annimmt, durch eine Verschiebung der Schubstange in irgend eine zwischen den äussersten Lagen des Vorwärts- und Rückwärtsganges befindliche Stellung keine Aenderung der linearen Voreilung entsteht. Diese Eigenschaft ist indessen nicht ausschliesslich der fest aufgehängten Coulisse eigen, sondern kann auch einer Steurung mit beweglicher Coulisse gegeben werden, sobald dieselbe sich hierfür entsprechend abändern lässt, und es ausreichend ist, die unveränderliche lineare Voreilung nur für eine Bewegungsrichtung der Maschine zu erhalten. So kann z. B. mit der in Fig. 25 dargestellten Steurung, deren beide Excenter F und B mit 21⁰ Voreilungswinkel auf der Treibachse befestigt sind und eine Zunahme der linearen Voreilung von 0,3 cm in äusserster bis 0,8 cm in mittlerer Coulissenlage zeigen, erreicht werden, dass, wenn bei gleichbleibendem Voreilungswinkel des Excenters B, derjenige des Excenters F um 10⁰ vergrössert wird, die lineare Voreilung zwischen der äussersten und mittleren Coulissenlage des Vorwärtsganges unveränderlich bleibt. Allerdings muss dann als Nachtheil dafür eine vergrösserte Ungleichheit der linearen Voreilung von 1,1 cm in der Mittellage bis zu 0,3 cm in der äussersten Lage abnehmend hingenommen werden. Umgekehrt wird durch Vergrösserung des Voreilungswinkels des Excenters B um 10⁰, bei gleichbleibendem Voreilungswinkel des Excenters F, die genau entgegengesetzte Wirkung hervorgerufen.

§ 32.
Practische Beobachtungen.

Mit Bezug auf Fig. 25 ist

1. Die Steuerwelle in solcher Entfernung oberhalb oder unterhalb der Bewegungsmittellinie zu legen, dass durch Verschieben der Coulisse aus der einen äussersten Lage in die andere, Excenterstangen und Steuerwelle nicht in Berührung treten. Ausnahmsweise können die Excenterstangen, wenn eine Berührung dieser Theile auf anderem Wege nicht zu umgehen ist, gekrümmt werden; für gewöhnlich ist aber diese Massnahme nicht gestattet.

2. Die Hängeschiene ist so lang zu nehmen, dass in den äussersten Lagen der Coulisse deren Endkanten den Steuerhebel nicht berühren. Die Länge des Steuerhebels ist in der Regel gleich oder etwas grösser als die Länge der Hängeschiene zu nehmen.

3. Ist der Kessel oder sind andere Theile der Maschine hinderlich, um die Coulisse durch die aufwärts gerichtete Bewegung des Steuerhebels in ihre äusserste Lage des Rückwärtsganges zu bringen, so muss entweder die Steuerwelle ganz verlegt und unterhalb der Steurung angebracht werden, oder der Schwingehebel muss verlängert werden, damit sich die Bewegungsmittellinie und mit ihr die ganze Coulissenbewegung tiefer stellt.

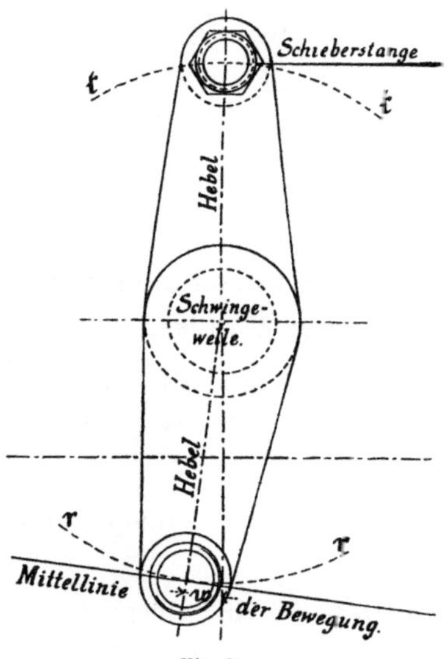

Fig. 31.

Wird der letztere Weg als der in den meisten Fällen geeignetere eingeschlagen, so ist, um gleiche Bewegungen der Schwingehebelarme zu sichern, die gegenseitige Lage derselben so lange zu ändern, bis beide Schwingehebelzapfen gleiche Wege durchlaufen. Dabei ist die genaue Neigung W der Richtung des unteren Hebels zur Richtung des oberen durch Beschreiben des Kreises rttr (Fig. 31) zu ermitteln, der entweder die Mittellinie der Schieberbewegung, oder, um die Abweichungen der Schieberstange von diesem Kreise auszugleichen, eine in geringer Entfernung über dieselbe gelegte Linie berührt.

4. So lange der Voreilungswinkel beider Excenter an die Normale zur Bewegungsmittellinie gelegt ist, kann letztere in jede geneigte Lage zur Richtung der Kolbenbewegung verlegt werden, ohne die Wirkungsweise der Steurung dadurch in irgend welcher Art zu beeinflussen. In Fig. 25 wurde die Mittellinie der Coulissenbewegung und diejenige der Kolbenbewegung, nur um den Gang dieser Untersuchungen zu vereinfachen, zusammenfallend angenommen. Dass diese Mittellinien auch jede beliebige Neigung zu einander annehmen können, wird aus Fig. 58 im VI. Theile ersehen werden.

---

§ 33.

Allgemeine Verhältnisse der Locomotivsteurungen mit beweglicher Coulisse.

Im Locomotivbau schwanken die Dimensionen der einzelnen Theile der Steurungen mit beweglicher Coulisse innerhalb folgender Grenzen:

Längenverhältniss der Treibstange und Kurbel = 5,5 bis 8;

Schieberhub = 10,2 bis 15,2 cm;

spätester Fxpansionsanfang bei 0,75 bis 0,92 des Kolbenhubes; (gewöhnlich bei 0,88 des Kolbenhubes.)

lineare Voreilung in mittlerer Coulissenlage = 0,6 bis 1,0 cm; (gewöhnlich 1,0 cm.)

lineare Voreilung in äusserster Coulissenlage = 0,25 bis 0,5; (abhängig von der Excenterstangenlänge.)

Krümmungshalbmesser der Coulisse = 107 bis 183 cm;

Entfernung zwischen beiden Zapfen der Excenterstangen = 25,4 bis 35,6 cm;

Entfernung beider Excenterstangenzapfen ·vom Coulissenbogen = 5,7 bis 7,6 cm;

Entfernung des Aufhängezapfens vom Coulissenbogen = 0 bis 3,8 cm;

Lage des Aufhängezapfens oberhalb der Coulissenmitte
= 0 bis 6,4 cm;

Länge der Hängeschiene = 30,5 bis 50,3 cm;

Länge der Steuerwellenhebel = 35,6 bis 56 cm;

Länge der Schwingehebelarme = 20,3 bis 28 cm.

Die folgenden von den Master Mechanics' Associations zusammengestellten Spezialdimensionen sind den Resultaten der zur Zeit vorherrschenden Praxis 35 nordamerikanischer Eisenbahnen entnommen.

Anzahl der Eisenbahnen und Classe der Locomotiven.	Schieberhub. cm.	Aeussere Deckung. cm.	Lineare Voreilung in äusserster Coulissenlage cm.	Innere Deckung cm.
25 Bahnen benutzen für ihre Expresszug-Locomotiven	12,7	2,2	0,25	0,32
6 - - - - - -	12,1	1,9	0,32	0,16
4 - - - - - -	12,7	3,2	0,32	0,64
20 - - - - Personenzug- -	12,7	1,9	0,25	0,96
10 - - - - - -	14	2,2	0,16	0,16
5 - - - - - -	11,4	1,6	0,32	0,48
19 - - - - Güterzug- -	12,7	1,9	0,25	0,16
11 - - - - - -	11,4	1,6	0,16	0,32
5 - - - - - -	12,1	1,3	0,25	0,48

§ 34.

Allgemeine Grundsätze der Construction einer Steurung mit beweglicher Coulisse.

Eine oberflächliche Betrachtung der Steurung mit beweglicher Coulisse könnte zu der Ansicht führen, dass, wegen der Einfachheit ihrer Theile und der genauen Uebereinstimmung ihrer Wirkungsweise mit derjenigen eines stellbaren Excenters, eine umfassende Untersuchung der Wirkung des letzteren auch diejenige der ersteren aufdecken müsse, und dass die Bestimmung zweckmässiger Dimensionen derselben keinen erheblichen Schwierigkeiten unterliegen könne. Diese Schlussfolgerung würde indessen durch eine eingehende Betrachtung keine Bestätigung finden noch viel weniger durch einen verständig unternommenen Versuch, eine Coulissensteuruug in ihren Verhältnissen und einzelnen Dimensionen zu bestimmen, unterstützt werden, sofern die Schwierigkeiten der Construction nicht allein in den vielen Bestandtheilen der Steurung, sondern vornehmlich in den verwickelten Verhältnissen begründet liegen, welche die vollkommen ausgeglichene Bewegung der Coulisse bedingen.

Die Forderungen an eine vollkommene Coulissensteurung sind: „Gleicher Expansions- und Compressionsanfang; gleiche lineare Voreilungen und gleiche grösste Kanaleröffnungen in Verbindung mit dem Fehlen auch der geringsten Coulissenverschiebung in jeder Coulissenlage des Vorwärts- und Rückwärtsganges im Kolbenhingange sowohl als im Rückgange“. Solche Genauigkeit ist aber bislang mit der gewöhnlich anzutreffenden Anordnung einer Coulissensteurung noch nicht erreicht worden, und jeder darauf abzielende Versuch ist misslungen. Dagegen sind mit der Coulisse immer gute und für die Praxis stets brauchbare Dampfvertheilungen erhalten worden, wenn die Anforderungen weniger hoch gestellt wurden und das Unwichtige in der Bewegung der Steurungstheile dem Wichtigeren geopfert wurde.

Die ungleichförmige Einwirkung der Treibstange auf eine Coulissenbewegung kann mit der Wirkung einer Kraft verglichen werden, welche auf einen Punkt einer hohlen Gummikugel einwirkt. Diese Kraft bringt auf der Kugel eine Vertiefung hervor, die zwar durch eine zweite um die erste gleichmässig vertheilte Kraft wieder zurück gebracht werden kann, mit der ersteren aber zusammen als Gesammtwirkung doch eine Ausbauchung in der Mitte der Kugel zurücklässt, welche nur durch Entlastung der Kugel von beiden Kräften wieder verschwindet. In ähnlicher Weise verhält es sich mit der Coulissenbewegung. Die endliche Länge der Treibstange veranlasst während einer Kurbelumdrehung Unregelmässigkeiten in derselben, gegen welche einzelne der Bewegungserscheinungen mehr als andere zu schützen sind, so dass, wenn einige derselben ausgeglichen werden sollen, andere dafür unberücksichtigt bleiben müssen. Aus diesem Grunde sind die

von der endlichen Länge der Treibstange herrührenden Unregelmässigkeiten der Coulissenbewegung ihrer störenden Wirkungen
halber soweit wie möglich zu verringern und desswegen im Locomotivbau, in welchem grosses Gewicht auf Gleichstellung der
Schieberbewegung gelegt wird, Verhältnisse der Treibstangen-
zur Kurbellänge von 7 bis 8 gebräuchlich, wogegen den Schiffsmaschinen gewöhnlich nur Verhältnisse von 4 bis 5 gegeben
werden können.

Auf welche Weise der Expansions- und Compressionsanfang
unter Verlust gleicher linearen Voreilung und gleicher grössten
Kanaleröffnung gleichgestellt werden kann, ist im III. Theile
dieser Schrift angegeben worden. Für die vorliegenden Untersuchungen ist es nothwendig die Gleichstellung in Bezug auf die
mittlere Lage der Coulisse vorzunehmen, weil in derselben die Eröffnung des Einlasskanales am kleinsten ist und viel weniger beträgt als 0,6 oder 0,9 derjenigen Weite, welche für den ungehinderten und keinen Druckverlust herbeiführenden Dampfeintritt
erforderlich gefunden ist. Denn sind in dieser Coulissenlage
die Kanaleröffnungen verschieden, so ist unvermeidlich, dass der
Dampf auf den Kolben mit ungleicher Kraft in beiden Hüben einer
Kurbeldrehung einwirkt, was unter keiner Bedingung eintreten
darf. Aus diesem Grunde sind die linearen Voreilungen und
Kanaleröffnungen in beiden Kolbenhüben stets gleich zu nehmen,
gleichviel wie sehr dieselben in der äussersten Coulissenlage dadurch abweichend von einander werden.

Für den als practisch zulässigen Betrag der Coulissenverschiebung lassen sich im Voraus keine bestimmten Grenzen fest-
setzen; in jedem Einzelfalle muss dem Constructeur anheim gestellt werden, das als zulässig anzusehende Mass dieser Verschiebung unter Beobachtung der gegebenen Verhältnisse festzustellen, wobei besonders wichtig ist, stets zu berücksichtigen,
dass die Verschiebung in derjenigen Coulissenlage, mit welcher
die Maschine vorwiegend arbeiten soll, so klein als möglich
werden muss.

§ 35.

Construction einer Steurung mit der Coulisse No. I.

Bei der Construction jeder Maschine kann keines ihrer Theile in seinen Verhältnissen und Dimensionen für sich bestimmt werden, ohne dass Rücksicht auf die Verhältnisse und Eigenthümlichkeiten aller mit demselben in Zusammenhang stehenden und auf ihn einwirkenden Theile genommen wird. Vielmehr ist erforderlich für einen zu bestimmenden Constructionstheil zuerst versuchsweise Dimensionen anzunehmen; dieselben hinsichtlich der Brauchbarkeit zu prüfen und dann nach Erforderniss so lange zu verändern, bis sich schliesslich im Zusammmhange Alles in bestem Ebenmasse darstellt. Ist der Gegenstand der Construction eine Coulissensteurung, so sind bereits dafür einige zu berücksichtigende, durch das Verhältniss der Treibstangen- und Kurbellänge bedingte Eigenthümlichkeiten aufgefunden, auch geeignete Punkte für das Steuerwellenmittel angegeben und mehr oder weniger die Begrenzungslinien der Coulissenbewegung ermittelt worden.

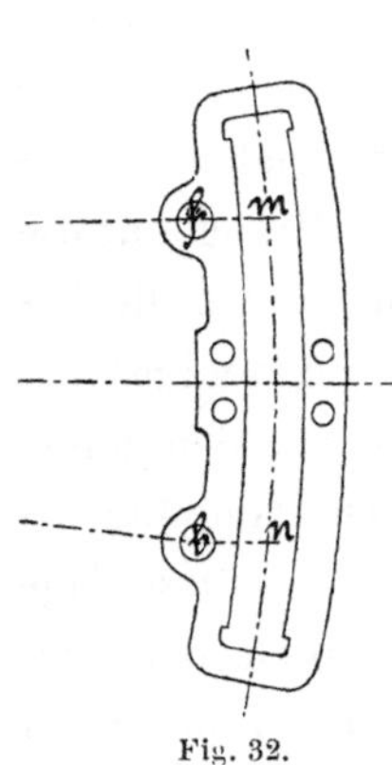

Fig. 32.

Weil aber jede Construction, um genau verstanden zu werden, deutlich und auf alle Einzelheiten eingehend dargestellt werden muss, so ist für die nachstehend erläuterte Methode der Construction einer Steurung mit beweglicher Coulisse ein der Praxis entnommenes Beispiel mit folgenden Dimensionen gewählt worden:

Verhältniss V der Treibstangen- und Kurbellänge $= 7{,}5$;

Durchmesser des Excenterkreises $= 14$ cm;

Spätester Expansionsanfang bei 0,92 des Hubes;

Lineare Voreilung in mittlerer Coulissenlage $= 1$ cm;

Entfernung der Kurbel- von der Schwingehebelwelle $= 125{,}1$ cm;

die Excenterstangenzapfen stehen gegen den Coulissenbogen um 7,6 cm zurück und sind 33 cm von einander entfernt.

Mit diesen Dimensionen sollen die Uebrigen: „äussere Deckungslänge des Schiebers, lineare Voreilung in äusserster Coulissenlage, Stellung des Aufhängepunktes der Coulisse und Lage des Steuerwellenmittels" zu bestimmt werden.

Zu diesem Zwecke befestige man auf einem langen Zeichentisch zwei Bogen Papier von solcher Grösse, dass die Figuren 33 und 35 in natürlicher Grösse auf denselben Platz finden und wähle ihre Entfernung von einander, wie es der Entfernung vom Mittel der Kurbelwelle bis zum Mittel der Schwingehebelwelle entspricht. Ueber beide Papierbogen spanne man alsdann einen dicht denselben anliegenden Zwirnfaden, damit in den nach einander vorzunehmenden Constructionen die Bewegungsmittellinie in ihrer Lage gesichert bleibt, verwende den einen der beiden Papierbogen für die Aufnahme der verschiedenen wichtigen Stellungen der Excentermittel und den anderen für die Aufnahme der den Excenterstellungen entsprechenden Lagen der Coulisse und ihres Aufhängepunktes.

Um den Punkt C beschreibe man alsdann mit der Excentricität als Halbmesser den Excenterkreis EFD (Fig. 33), lege durch den Punkt C die Linie GH genau lothrecht zur Mittellinie der Bewegung und trage von der Lothrechten GH ab den aus der folgenden Tabelle zu entnehmenden, und dem verlangten Expansionsanfange entsprechenden Voreilungswinkel. Im vorliegenden Falle ist dieser Voreilungswinkel 16°, der

Expansions- anfang.	Voreilungs- winkel.	Grösster Expansions- winkel im Kolbenrückgange.
0,75	28 Grad	124 Grad
0,8	25 -	130 -
0,84	22 -	136 -
0,875	20 -	140 -
0,9	17 -	146 -
0,92	16 -	148 -

mittelst Winkelmesser oberhalb DCE an GH gelegt die Stellung F des Vorwärtsexcentermittels und unterhalb DCE an GH gelegt die Stellung B des Rückwärtsexcentermittels für die Stellung

der Kurbel im Nullpunkte festlegt. Durch Abtragen desselben
Winkels von GH ab nach der entgegengesetzten Richtung, oberhalb und unterhalb der Linie DCE, werden die beiden anderen
der Kurbelstellung im zweiten todten Punkte entsprechenden
Stellungen f und b beider Excentermittel erhalten.

Da bekannt ist, dass die Unterschiede der Kurbelwinkel im
Kolbenhingange und Rückgange bei halbem Hube am grössten
sind, wird man zuerst die Untersuchungen der Coulissenbewe-

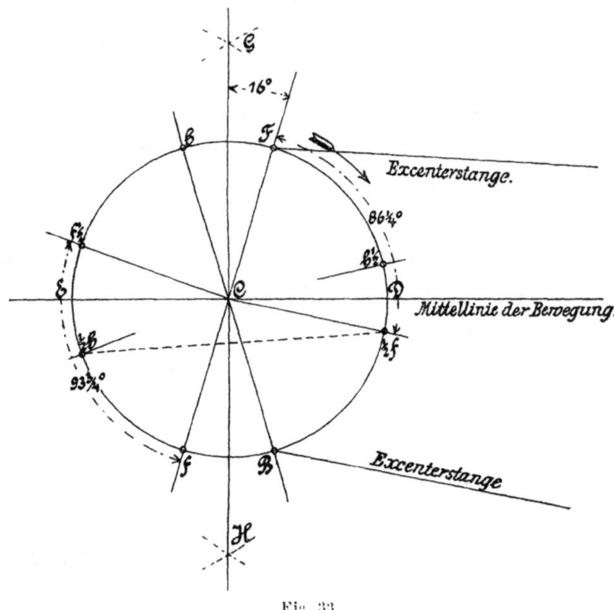

Fig. 33.

gungen für einen Expansionsanfang bei dieser Kolbenstellung vorzunehmen haben, um aus denselben alsdann auf die Massnahmen
für die Gleichstellung des Expansionsanfanges in anderen Kolbenstellungen schliessen zu können. Obwohl für alle wichtigeren
und gebräuchlicheren Kolbenstellungen die Kurbelwinkel in der
Kolbenweg-Tabelle B enthalten sind, können die für die vorliegenden Untersuchungen vornehmlich zu verwendenden Winkel — der
Uebersicht halber — der folgenden Tabelle entnommen werden.

Wenn das Verhältniss V = 7,5 ist, und der Kolben den
halben Hub seines Hinganges durchlaufen hat, sind die Excenter-

mittel F und B um 86,3° vorgeschritten. Unter derselben Voraussetzung haben sich die Excentermittel, wenn der Kolben den halben Weg seines Rückganges durchlaufen hat, von f und b aus um 93,8° fortbewegt.

Verhältniss der Treibstangen- zur Kurbellänge.	Kurbelwinkel für die Kolbenstellungen bei halbem Hube.	
	Hingang.	Rückgang.
4	82,8 Grad	97,2 Grad
4,5	83,6 -	96,4 -
5	84,2 -	95,8 -
5,5	84,8 -	95,2 -
6	85,2 -	94,8 -
6,5	85,6 -	94,4 -
7	85,9 -	94,1 -
7,5	86,3 -	93,8 -
8	86,4 -	93,6 -

Diese vier, den Stellungen des Kolbens bei halbem Hube entsprechenden Stellungen der Excentermittel lassen sich bequem dadurch festlegen, dass man, um die Stellung $\frac{1}{2}$ f zu finden, mittelst Winkelmesser von CF ab einen Winkel von 86,3° und um f $\frac{1}{2}$ zu finden, von Cf ab einen Winkel von 93,8 abträgt. Durch Uebertragen der Entfernungen D $\frac{1}{2}$f und E f$\frac{1}{2}$, oberhalb bezw. unterhalb der Linie DCE, werden die Punkte b$\frac{1}{2}$ und $\frac{1}{2}$b erhalten.

Die gewählte Bezeichnung dieser Excenterstellungen ist in der Weise vorgenommen, dass der Buchstabe f die Stellungen des Vorwärtsexcenters und b diejenigen des Rückwärtsexcenters angiebt, dass ferner, wenn dem einen oder anderen dieser Buchstaben eine Bruchzahl vorangesetzt ist, dadurch eine Excenterstellung bezeichnet wird, die zu einer Stellung des Kolbens in seinem Hingange gehört, sobald derselbe beim Vorwärtsgange der Maschine einen der Bruchzahl gleichen Theil seines Hubes zurückgelegt hat. Umgekehrt, ist den Buchstaben eine Bruchzahl nachgesetzt, so wird dadurch die Excenterstellung für eine Stellung des Kolbens in seinem Rückgange beim Vorwärtsgange der Maschine angegeben. Auf diese Weise bezeichnet $\frac{1}{2}$ f die Stellung des Vorwärtsexcenters bei halbem Hube im Kolbenhingange beim Vorwärtsgange der Maschine, während f $\frac{1}{2}$ die Stellung desselben Excenters bei halbem Hube im Kolbenrückgange derselben Bewegungsrichtung bezeichnet.

Nach Feststellung der acht wichtigsten Excenterstellungen sind auf dem zweiten Papierbogen die zu denselben gehörenden Coulissenlagen sowie der Einfluss der Excenterstellungen auf die Verhältnisse der Coulisse zu ermitteln.

Da die Entfernung des Kurbelwellenmittels vom Mittel der Schwingehebelwelle 125,1 cm beträgt, und die Excenterstangenzapfen 7,6 cm hinter dem Coulissenbogen zurückstehen, muss die Länge der Excenterstangen: 125,1 — 7,6 = 117,5 cm sein. Mit dieser Länge als Halbmesser sind mit einem Stangenzirkel um die acht gefundenen Excenterstellungen als Mittelpunkte, von der Bewegungsmittellinie aus anfangend, Kreisbögen von unbestimmter Länge zu beschreiben, in welchen sich die Mittel der Excenterstangenzapfen bei einer Verstellung der Coulisse bewegen (siehe Fig. 34). Hierauf ist aus dünnem, hartem Holze die Chablone L des Coulissenbogens (Fig. 35) an der Aussenseite nach einem Halbmesser von 125,1 cm Länge gekrümmt, anzufertigen und mit den beiden V förmigen Einschnitten für die Mittel der Excenterstangenzapfen in 33 cm Entfernung von einander und 7,6 hinter dem Coulissenbogen zurückliegend, zu versehen. Des Weiteren sind auf der Chablone die drei mit einander parallelen Linien fm, jS und bn (Fig. 36) so zu legen, dass jS in der Mitte zwischen fm und bn normal zur Verbindungslinie der beiden Punkte f und b steht.

Nach diesen Vorbereitungen können die Bewegungen der Coulisse genau ermittelt und untersucht werden.

Figur 34.

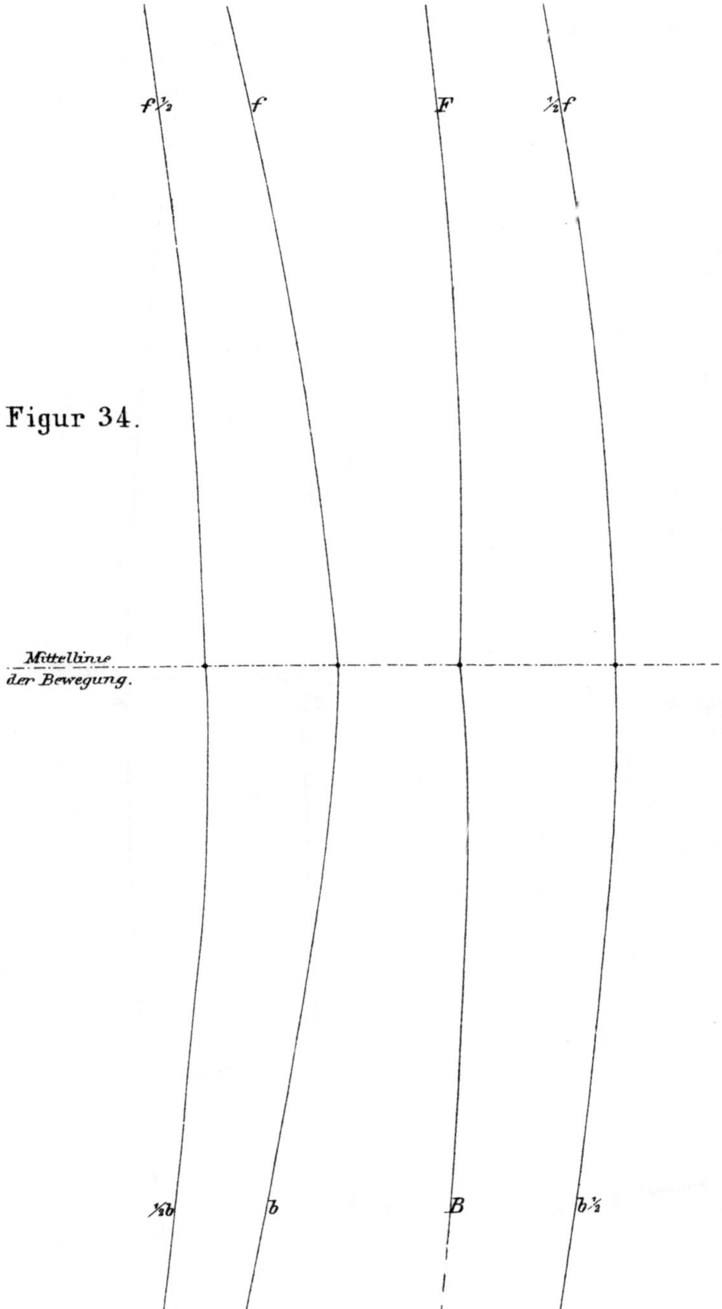

Verlagsbuchhandlung v. Julius Springer Berlin.N

Lith. Inst. v Fr Wiessner, Berlin

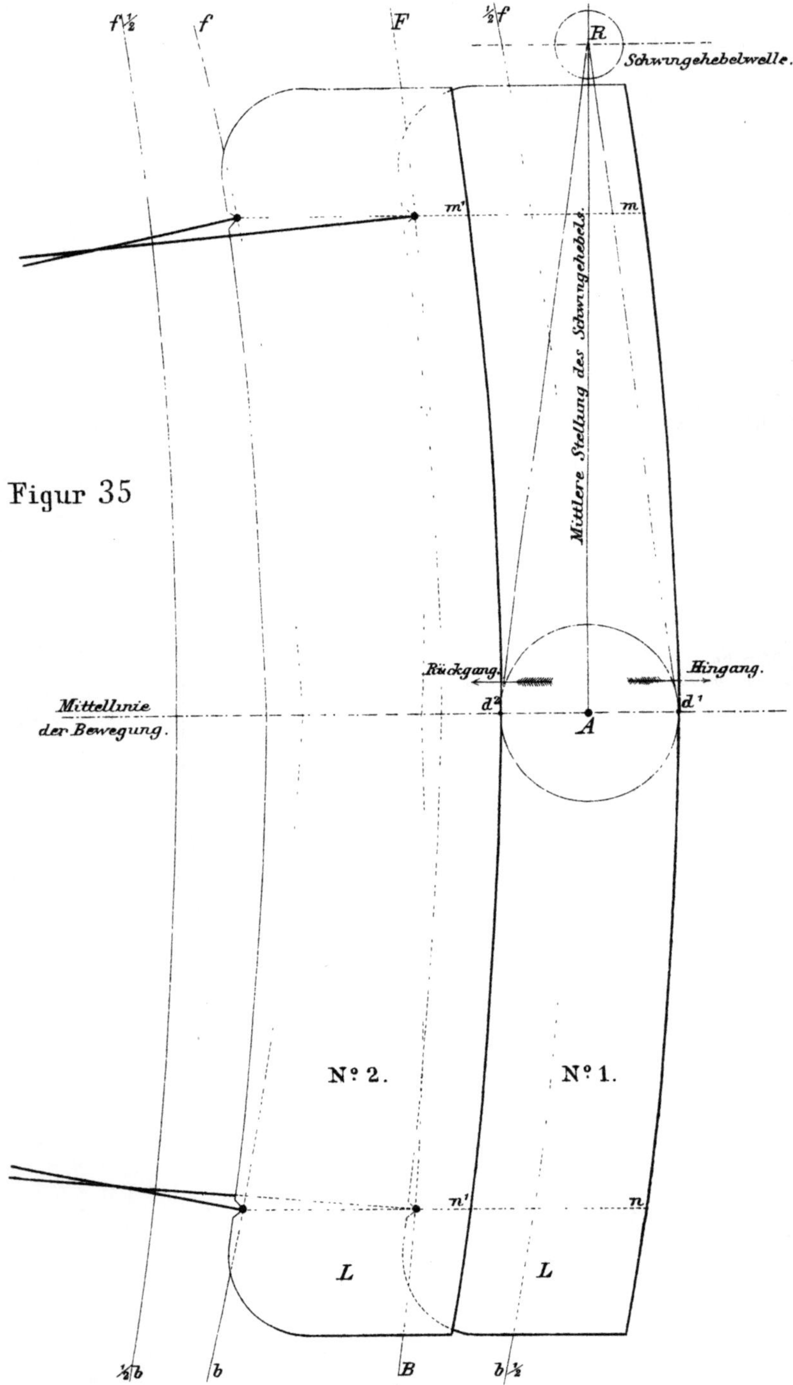

Verlagsbuchhandlung v Julius Springer, Berlin N   Lith. Inst. v Fr Wiessner Berlin

1. Bestimmung des Schieberhubes in mittlerer Coulissenlage.

Um den Schieberweg in mittlerer Coulissenlage aufzufinden, ist die Chablone in die Lagen No. 1 und No. 2 (Fig. 35) mit den Excenterstangenzapfen auf den Bögen F, B, f und b ruhend, zu bringen und die Punkte d^1 und d^2, in welchen der Coulissenbogen die Bewegungsmittellinie schneidet, zu bezeichnen. Durch die Punkte d^1 und d^2, welche in ihrer Entfernung von einander den gesuchten Schieberweg $d^1 d^2$ bestimmen, ist ein Kreis, mit seinem Mittelpunkte A in der Bewegungsmittellinie liegend, zu beschreiben. Der Mittelpunkt A dieses Kreises giebt die genaue Lage des Schwingehebelzapfens an, und seine Entfernung von der Kurbelwelle, welche mit derjenigen der Schwingehebelwelle übereinstimmen muss, ist CA*), statt der angenommenen Entfernung von 125,1 cm. Im Punkte A ist desswegen die Lothrechte AR zur Bewegungsmittellinie zu errichten und in angemessener Entfernung von demselben, — bei gleicharmigen Schwingehebeln in der halben Entfernung vom Cylinder- bis zum Schieberstangenmittel — im Punkte R, das Mittel der Schwingehebelwelle festzulegen.

2. Bestimmung der äusseren Schieberdeckung.

Die für die mittlere Coulissenlage gegebene lineare Voreilung trage man von den Punkten d^1 und d^2 auf $d^1 A d^2$ ab und beschreibe durch die damit erhaltenen Punkte l und l^1, um A als Mittelpunkt, den zweiten Kreis $l l^1$. Da der Schieberhub in mittlerer Coulissenlage unveränderlich und gleich den beiden äusseren Deckungen plus den beiden linearen Voreilungen ist, so muss der Durchmesser $l l^1$ des zweiten Kreises gleich der Summe beider äusseren Schieberdeckungen und jede derselben dem Halbmesser Al gleich sein.

---

*) **Anmerkung.** Dieser Unterschied ist zwar immer nur klein, die Schwingehebelwelle ist aber dennoch stets um denselben zu verlegen, um später grosse Schwierigkeiten in der Construction der Coulisse dadurch zu umgehen.

mit $j^1 S^1$ zu bezeichnen. Wenn nun für die Coulisse eine centrale Aufhängung gewählt ist, so muss ihr Aufhängepunkt in der Linie jS liegen, wobei dann, wenn die Aufhängung der Coulisse mittelst Hängeschiene am Hebel der Steuerwelle in Betracht gezogen wird, leicht zu erkennen ist, dass der Aufhängepunkt am zweckentsprechendsten in einer geraden, der Bewegungsmittellinie parallelen Linie hin und her bewegt wird, und dass für eine auf diese Weise bedingte Bewegung des Aufhängepunktes derselbe in beiden Linien jS und $j^1 S^1$, in gleichem Abstande vom Coulissenbogen, liegen sowie eine beide Lagen S und S' des Aufhängepunktes verbindende Linie sich parallel zur Bewegungsmittellinie stellen muss. Der einzige diesen Anforderungen genügende Punkt ist der in beiden Lagen der Coulisse in gleichem Abstande vom Coulissenbogen auf der Mittellinie befindliche Punkt S. Nachdem auf diese Weise der Aufhängepunkt gefunden ist, hat man denselben durch einen Vförmigen Einschnitt in die Chablone zu bezeichnen, um in der folgenden mit der Bewegung dieses Punktes innig zusammen hängenden Untersuchung der Coulissenbewegung die Stellungen desselben für jede beliebige Coulissenlage bezeichnen zu können.

Da die Ungleichheiten der Kurbelwinkel im Kolbenhingange und Rückgange bei halbem Hube des Kolbens am grössten, am Anfange und am Ende des Hubes am kleinsten sind, und die Gleichstellung des Expansionsanfanges bei halbem Kolbenhube bereits erfolgt ist, so wird, wenn die Gleichstellung desselben auch in äusserster Coulissenlage erreicht ist, nur noch für alle übrigen zwischen äusserster und mittlerer Coulissenlage befindliche Stellungen das Gleiche vorzunehmen sein, um eine gleichgestellte Expansion in allen Coulissenlagen zu erhalten.

Hierfür sind in Fig. 37 die vier Excenterstellungen des spätesten Expansionsanfanges bei 0,92 des Hubes einzutragen. Die dritte Spalte der Tabelle der Voreilungswinkel, enthält die grössten Kurbelwinkel für den Expansionsanfang im Rückgange des Kolbens; derselbe ist im vorliegenden Falle $148°$. Die Kolbenweg-Tabelle B giebt den Unterschied der Kurbelwinkel im Kolbenhingange und Rückgange zu $4,2°$ und damit den Kurbelwinkel für den Kolbenhingang zu 143,8°. Die vier der grössten Cylinderfüllung entsprechenden Excenterstellungen können entweder durch Abtragen dieser Winkel mit Hülfe eines Winkelmessers oder auf folgende einfachere Weise gefunden werden. Von CF trage man den Winkel 143,8° mit einem Winkelmesser ab, um die Stellung 0,92 f des Excentermittels für den Kolbenhingang zu erhalten. Die Stellung desselben Excenters im Kolbenrückgange giebt der bereits gefundene Punkt b an. Die

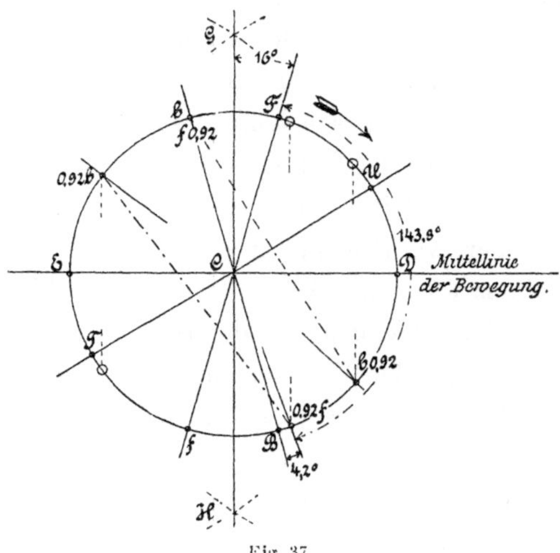

Fig. 37.

Entfernung 0,92 f bis f ist mittelst Zirkel von b, und die Entfernung von f bis B von B abzutragen, um die Punkte 0,92 b, bezw. b 0,92 der beiden anderen für den Kolbenhingang und Rückgang gesuchten Stellungen des Excentermittels zu erhalten.

Um diese Excenterstellungen als Mittelpunkte sind wiederum mit der Excenterstangenlänge als Halbmesser, von der Bewegungsmittellinie aus anfangend, die Kreisbögen zu beschreiben, auf welchen sich die Mittel der Excenterstangenzapfen in der äussersten Coulissenlage bewegen müssen, und vorerst aus den zu diesen Stellungen der Excentor gehörenden Lagen der Coulisse die Lage der Steuerwelle zu ermitteln, von der alle weiteren Verhältnisse der Bewegung abhängen.

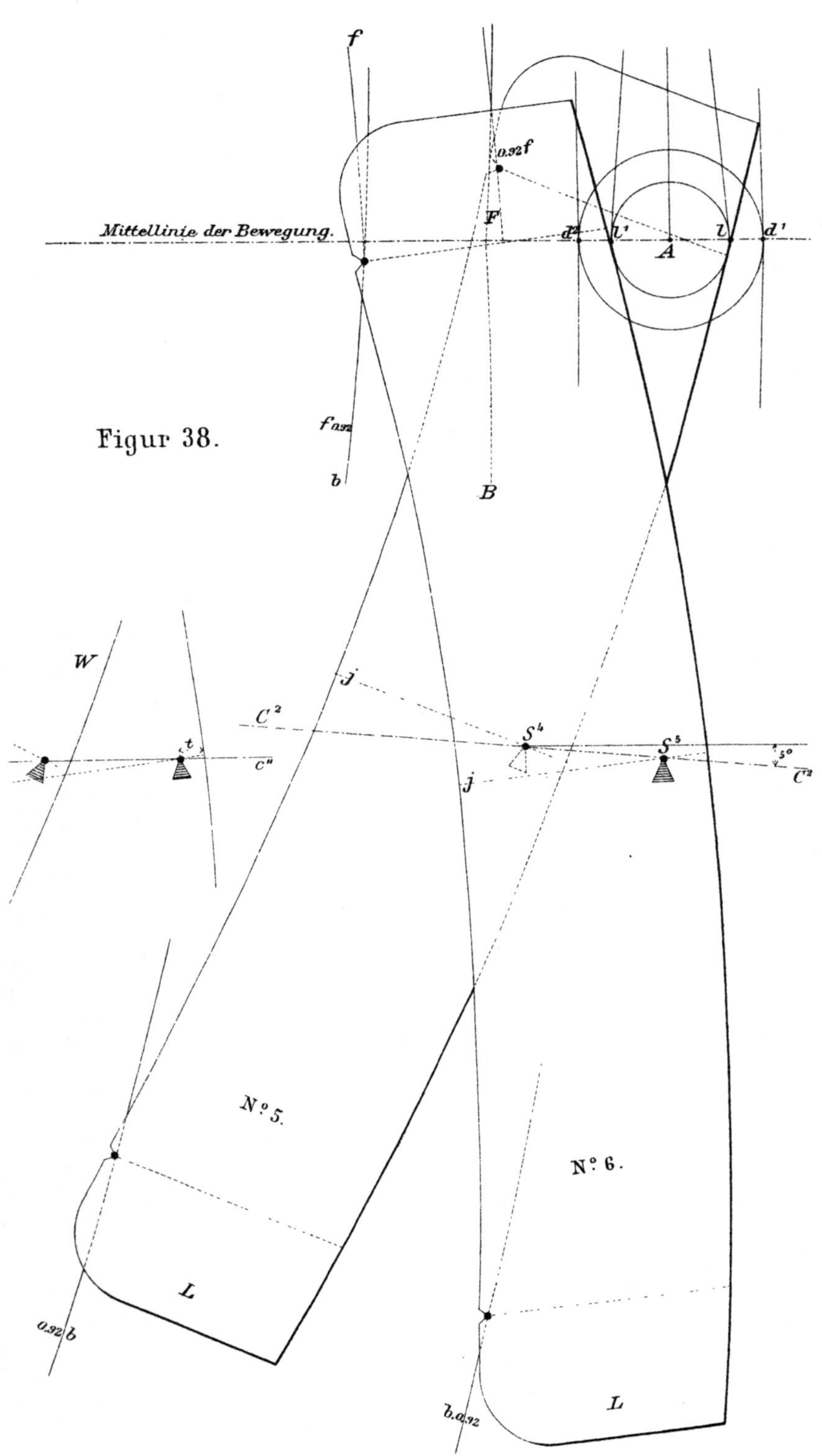

Figur 38.

Verlagsbuchhandung v Julius Springer, Berlin N

Lith Inst v Fr Wiessner, Berlin

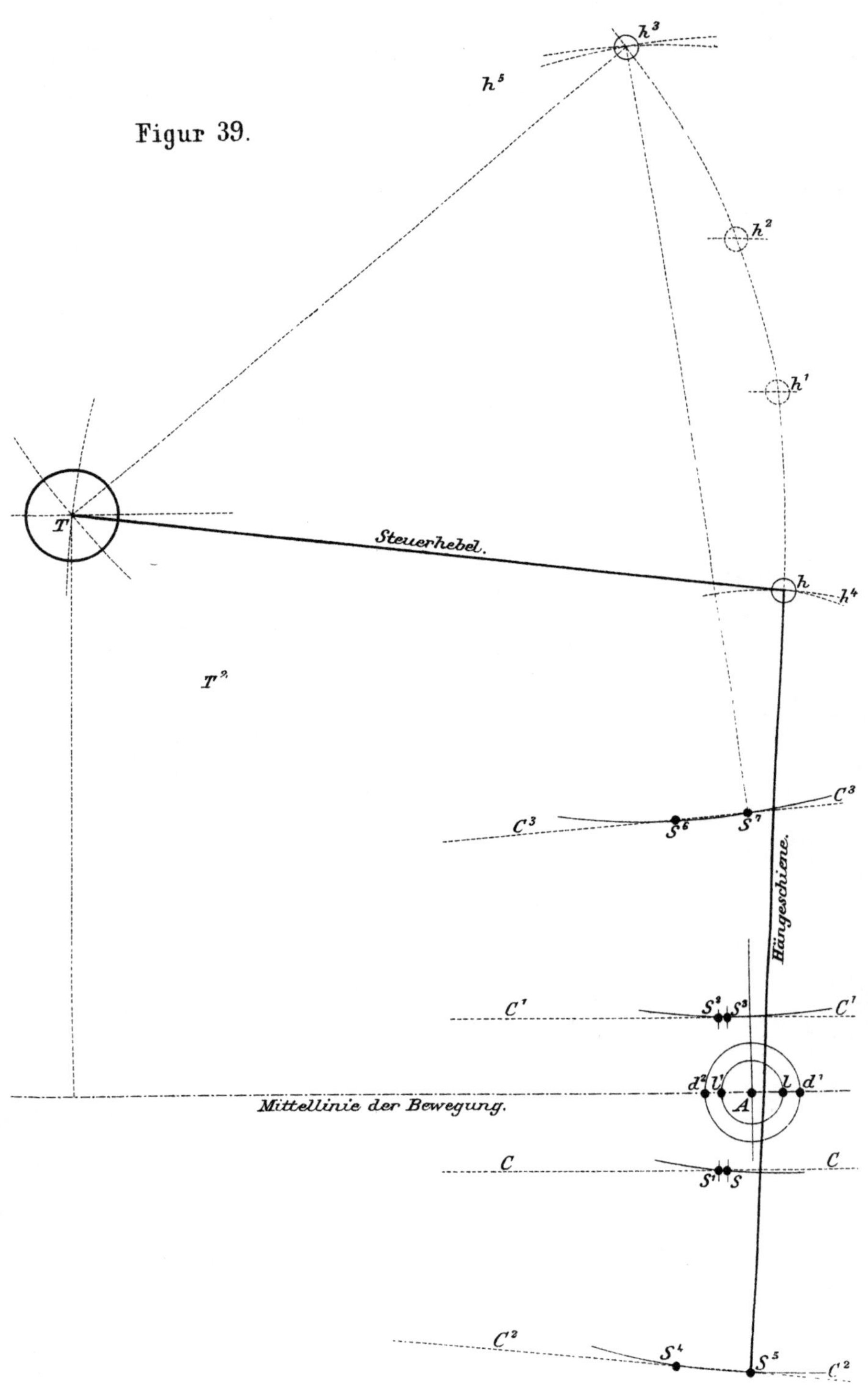

Verlagsbuchhandlung v. Julius Springer Berlin N. Lith. Inst. v. Fr. Wiessner, Berlin.

4. Lage der Steuerwelle für den gleichgestellten Expansionsanfang in allen Coulissenlagen.

Die Chablone des Coulissenbogens ist, mit ihren Ausschnitten für die Mittel der Excenterstangenzapfen auf den Kreisbögen 0,92 f und 0,92 b ruhend, dahin zu legen, wo der Coulissenbogen in der Lage No. 5 den Deckungskreis (Fig. 38) im Punkte 1 auf der Bewegungsmittellinie scheidet; in dieser Lage ist die Stellung des Aufhängezapfens mit S^4 zu bezeichnen. Auf dieselbe Weise ist die Chablone mit den Mittelpunkten der Excenterstangenzapfen auf den Bögen f 0,92 und b 0,92 des Kolbenrückganges ruhend, dahin zu verschieben, wo der Coulissenbogen in der Lage No. 6 den Deckungskreis im zweiten Punkte 1^1 auf der Bewegungsmittellinie schneidet, und S^5 die Stellung des Aufhängezapfens in dieser Lage der Coulisse ist. Die Punkte S^4 und S^5 sind durch die Linie $C^2 C^2$ zu verbinden, welche mit der Bewegungsmittellinie, statt parallel wie die Linie cc zu verlaufen, einen Winkel von etwa 5^0 mit derselben einschliesst*). In gleicher Weise sind die Stellungen S^2, S^3, S^6 und S^7 des Aufhängepunktes für den Rückwärtsgang zu ermitteln, oder, da für eine Coulisse, wie sie hier untersucht wird, die Bewegungen im Rückwärtsgange genau die entgegengesetzten von denjenigen des Vorwärtsganges sind, können diese Stellungen in einfacherer Weise durch Uebertragen der Stellungen S, S^1, S^4 und S^5 auf die andere Seite der Bewegungsmittellinie, wie in Fig. 39 geschehen ist, erhalten werden.

Nachdem die acht Stellungen des Aufhängezapfens für gleichen Expansionsanfang bei 0,5 und 0,92 des Kolbenhubes ermittelt sind, erübrigt es nur noch, die Hängeschiene derart mit dem Steuerhebel zu verbinden, dass in den verschiedenen Lagen des letzteren das untere Auge der Hängeschiene oder der Aufhängepunkt der Coulisse sich in einem Kreisbogen vom Halbmesser

---

*) Anmerkung: Der Parallelismus der Linie $C^2 C^2$ mit der Bewegungsmittellinie kann zwar durch Vorschiebung des Aufhängezapfens S nach dem Coulissenbogen zu (siehe Fig. W) erreicht werden, indessen wird die Gleichstellung des Expansionsanfanges bei halbem Kolbenhube alsdann gestört.

der Hängeschiene durch die Punkte S^4, S^5, S^6 und S^7 bewegt. Um dieses zu erreichen, sind von den vier Punkten S^4, S^5, S^6 und S^7 aus mit der Hängeschienenlänge als Halbmesser Kreisbögen zu beschreiben, welche in ihren beiden Schnittpunkten h und h^3 die äussersten Stellungen des Steuerhebelzapfens bestimmen und zugleich bei angenommener Länge des Steuerhebels den Mittelpunkt F der Steuerwelle festlegen*).

5. Bestimmung der linearen Voreilung in der äussersten Coulissenlage des Vorwärts- und Rückwärtsganges.

Nachdem mit der Länge der Hängeschiene als Halbmesser der Bogen $C^2 C^2$, Fig. 40, beschrieben ist, auf dem sich der Aufhängepunkt der Coulisse bei grösstem Schieberhube bewegt, ist die Chablone mit dem Zapfenmittel der Vorwärtsexcenterstange auf dem Bogen F der linearen Voreilung im Kolbenhingange sowie gleichzeitig mit dem Zapfenmittel der Rückwärtsexcenterstange auf dem Bogen B ruhend, in die Lage No. 7 zu legen, in welcher der Aufhängezapfen im Punkte S^7 des Bogens $c^2 c^2$ steht, und der Coulissenbogen die Bewegungsmittellinie im Punkte d schneidet. Auf dieselbe Weise ist die Chablone mit dem Zapfen derselben Excenterstange auf dem Bogen f der linearen Voreilung im Kolbenrückgange sowie gleichzeitig mit dem Zapfen der Rückwärtsexcenterstange auf dem Bogen b ruhend, in die Lage No. 8 zu verlegen und der Schnittpunkt des Coulissenbogens mit der Bewegungsmittellinie mit d^3 wie auch die Lage des Aufhängepunktes im Bogen $c^2 c^2$ mit S^8 zu bezeichnen.

Die Entfernungen der Punkte d und d^3 vom Deckungskreise $1\,1^1$ sind die linearen Voreilungen im Kolbenhingange, bezw.

---

*) Anmerkung: Wenn das Verhältniss V kleiner als 7,5, etwa 6 oder gar 5 ist, werden die Linien $C^2 C^2$ und $C^3 C^3$ eine grössere Neigung zur Bewegungsmittellinie erhalten, und in Folge davon h mehr nach h_4, h^3 mehr nach h^5 und T mehr nach einem niedriger gelegen Punkt T^2 sich verlegen. Dadurch kann dann aber leicht in äusserster Coulissenlage der Rückwärtsbewegung die Stange des Vorwärtsexcenters mit der Steuerwelle in Berührung treten. Wie in solchem Falle die Verhältnisse der Coulisse getroffen werden müssen, wird sich alsbald zeigen.

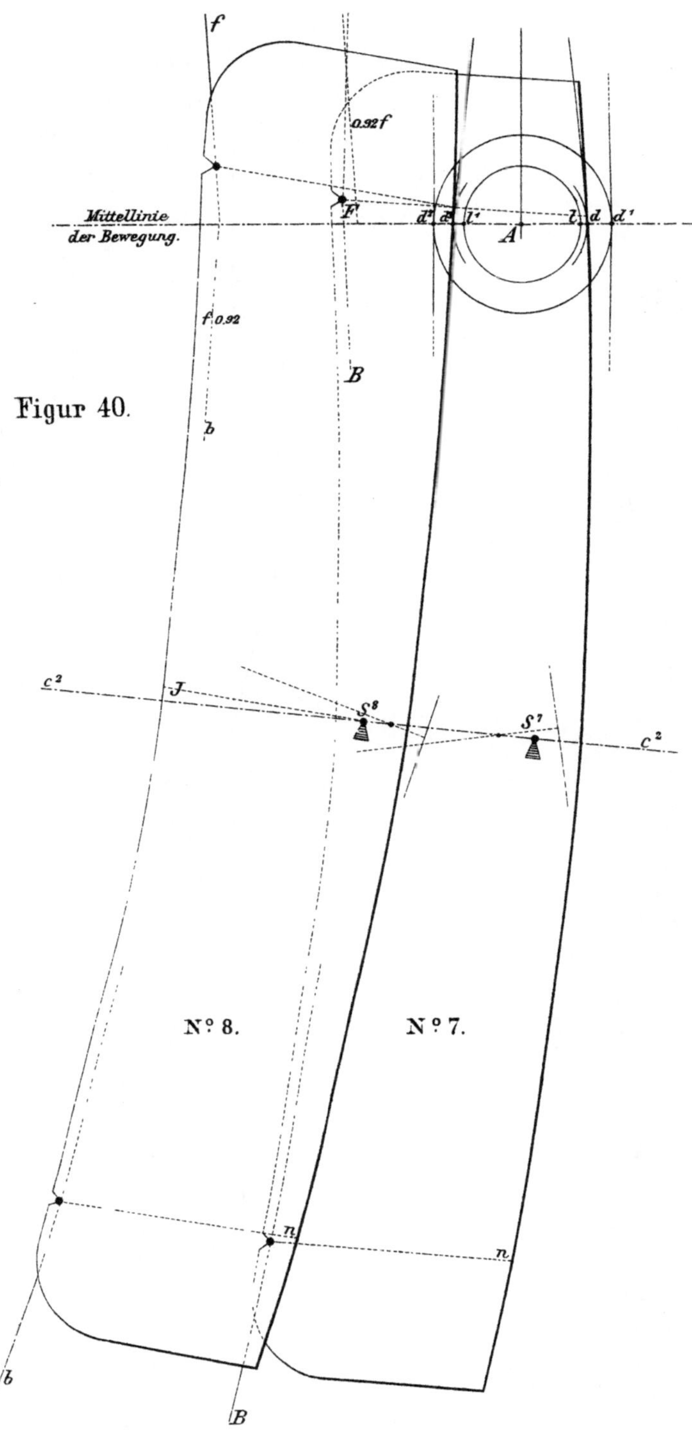

Verlagsbuchhandlung v Julius Springer. Berlin. N
Lith Inst v Fr Wiessner Berlin

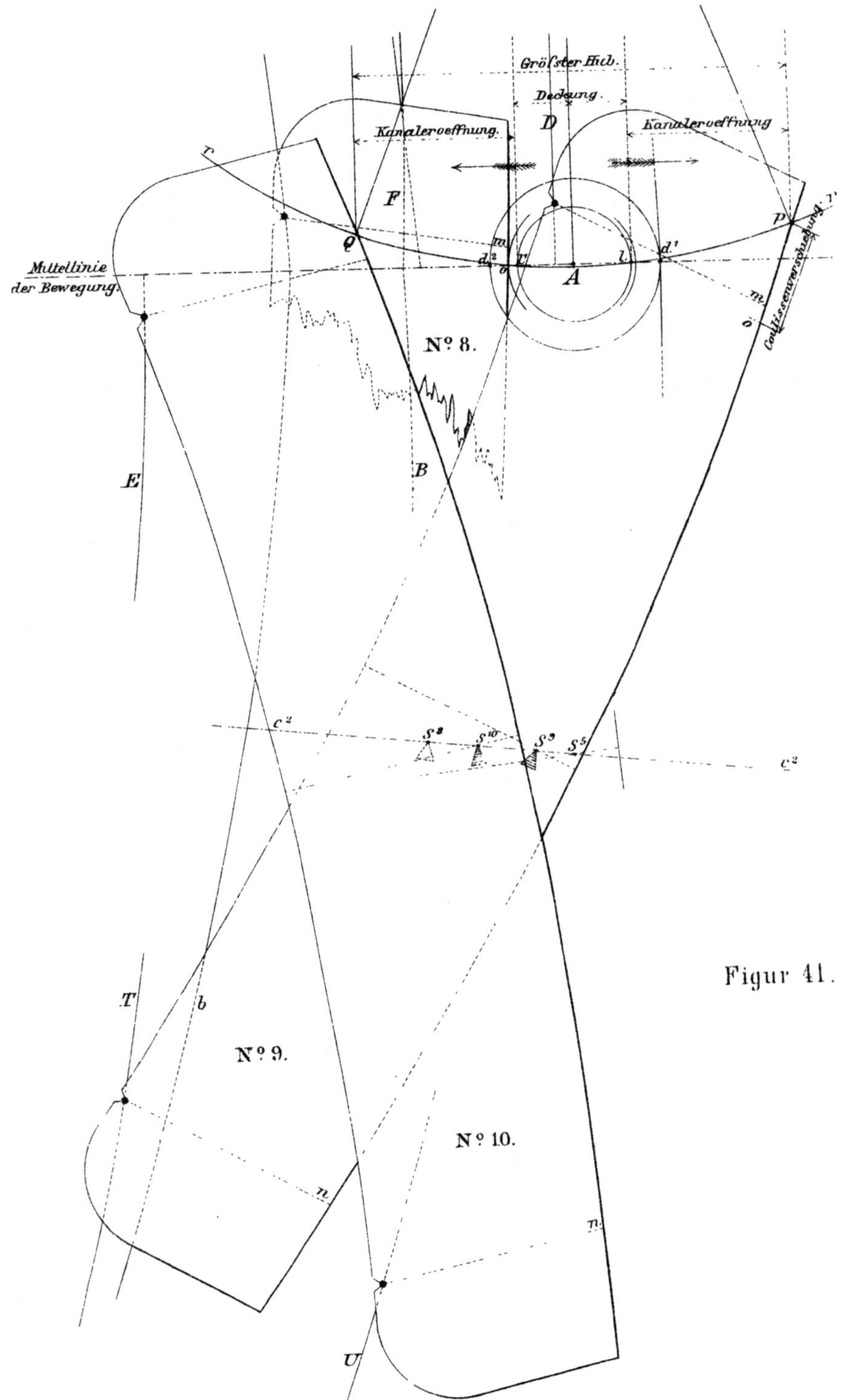

Verlagsbuchhandlung v. Julius Springer, Berlin N

Lith. Inst. v Fr Wiesner, Berlin

Rückgange. Im Kolbenhingange ist also in äusserster Coulissenlage die lineare Voreilung l d und in mittlerer l d¹, während im
Kolbenrückgange dieselbe in äusserster Coulissenlage l¹ d³ und
in mittlerer l¹ d² = l d¹ ist. Weil die linearen Voreilungen in
mittlerer Coulissenlage gleich sind, so kann der geringe Unterschied derselben in äusserster Lage der Coulisse in vorliegendem
Falle keinen Einfluss auf den Gang der Maschine gewinnen und
desswegen unberücksichtigt bleiben.

6. Bestimmung des grössten Schieberhubes und des
   grössten Betrages der Coulissenverschiebung.

Aus Fig. 37 ist zu ersehen, dass, wenn das Mittel des Vorwärtsexcenters in den äussersten Stellungen D und E auf der
Bewegungsmittellinie steht, das Rückwärtsexcenter die Stellungen T und U einnehmen muss. (Diese Stellungen werden
gefunden, wenn man D U = E T = F b macht.) Um die Punkte
D und E, F und U als Mittelpunkte sind von der Bewegungsmittellinie ans anfangend in der bekannten Weise mit der Excenterstangenlänge als Halbmesser die Kreisbögen zu beschreiben, in welchen sich die Mittel der Excenterstangenzapfen bei
diesen Stellungen der Excenter bewegen. Die Chablone ist,
mit ihren Einschnitten auf diesen Kreisbögen ruhend, in die
Stellungen No. 9 und No. 10 (Fig. 41) zu legen, in welchen die
Coulisse ihren grössten Ausschlag, der seiner Grösse nach durch
die horizontale Entfernung der Schnittpunkte p und Q des Coulissenbogens bemessen wird, vollführt.

In der Lage No. 8 der Chablone steht der Steuerhebelzapfen
im Punkte o am tiefsten und in der Lage No. 9 im Punkte p
am höchsten. Die grösste Verschiebung der Coulisse auf dem
Coulissenstein ist daher die auf dem Coulissenbogen gemessene
Entfernung der beiden Punkte p und o. Dieselbe verringert
sich jedoch, wenn der Schwingehebelzapfen dem Aufhängepunkte
der Coulisse genähert wird, so dass, wenn man beabsichtigt
die Coulisse vornehmlich in einer Lage zu benutzen, welche sich
in der Mitte zwischen ihrer mittleren und äussersten Lage befindet, eine Coulissenverschiebung in der äussersten Lage der

Coulisse, in der Grösse, wie sie vorhin gefunden wurde, nicht als zu gross anzusehen sein würde, um die genaue Wirkungsweise der ganzen Steuerung zu gefährden.

---

§ 36.
Abänderungen der Construction.

Die im vorigen § so kurz als möglich angegebene Construction der Steuerung mit beweglicher Coulisse, welche in ihrer Anordnung mit derjenigen in Fig. 25 dargestellten übereinstimmend vorausgesetzt wurde, ist keineswegs als eine für alle Fälle verwendbare anzusehen; vielmehr müssen noch Mittel aufgefunden werden, mit welchen sich einzelne der gewonnenen Resultate abändern lassen und auch die Bewegung der Coulisse verbessert werden kann, wenn das Verhältniss V ein anderes, besonders wenn es ein kleineres als 7,5 ist.

1. Verkleinerung der Coulissenverschiebung.

Nach beendeter Construction einer Steuerung mit beweglicher Coulisse ereignet es sich häufig, dass sich die von mittlerer nach äusserster Coulissenlage hin zunehmende Verschiebung der Coulisse doch grösser herausstellt als man anfänglich angenommen hat und practisch zulassen kann. In solchen Fällen muss man dann Mittel zur Verfügung haben, um durch Aenderungen der Construction die Coulissenverschiebung auf das practisch zulässige Mass verringern zu können.

Vier verschiedene Aenderungen dieser Steuerung ermöglichen jede für sich die Coulissenverschiebung zu verringern. Dieselben sind in dem Grade ihrer Einwirkungen nach folgende:

  a) Vergrösserung des Voreilungswinkels;
  b) Verkleinerung des Schieberhubes;
  c) Verlängerung der Coulisse, und
  d) Verkürzung der Excenterstangen.

Welche dieser Mittel, ob eines oder mehrere derselben, zur Erreichung vorgenannten Zweckes in Anwendung zu bringen sind, lässt sich allgemein nicht beantworten. In jedem gegebenen Falle muss dem Constructeur überlassen bleiben unter Berücksichtigung der Verhältnisse die richtige Wahl unter denselben zu treffen.

In dem Beispiele des vorigen § würden sich die Coulissenverschiebungen um die Hälfte verringern, wenn man entweder den Voreilungswinkel bis 30° vergrösserte, oder den Excenterhub bis 10,2 cm verkleinerte. Nach einer solchen Abänderung wäre dann aber nothwendiger Weise, im einen wie im anderen Falle, eine vollständig neue Construction der Steurung, nach den im vorigen § gegebenen Anweisungen, Erforderniss.

2. Vertheilung der Coulissenverschiebungen.

Wie aus Fig. 27 ersichtlich ist, geht das Bestreben des Punktes m hauptsächlich darauf hinaus, sich in einem Bogen zu bewegen, dessen Krümmung die entgegengesetzte des Bogens r r ist, in welchem sich der Zapfen des Schwingehebels bewegt, dass abweichend davon der untere Punkt n in einer weniger stark gekrümmten Linie schwingt und in Folge hiervon die grösste Coulissenverschiebung im Vorwärtsgange immer grösser als diejenige im Rückwärtsgange wird. Diese Unterschiede der Coulissenverschiebungen lassen sich durch eine veränderte Coulissenaufhängung nahezu ausgleichen, wenn man den Aufhängezapfen nicht in die zwischen den Punkten f und b befindliche Mittellinie j S legt, sondern denselben in eine mit dieser parallelen, aber mehr nach f als nach b hin, gewöhnlich 5—6,3 cm oberhalb j S gelegenen Linie, bringt.

Die richtige Stellung des Aufhängezapfens für eine auf vorgenannte Weise vertheilte Coulissenverschiebung, welche in der Regel bei Locomotivsteurungen anzutreffen ist, findet man, wenn zuerst versuchsweise auf der Chablone eine Mittellinie für den Aufhängezapfen verzeichnet wird, welche von der ursprünglichen abweicht und oberhalb derselben liegt, sodann die Chablone nach und nach in die Lagen No. 3, 4, 5 und 6 der

Vorwärtsbewegung bringt und in jeder derselben die Mittellinie bezeichnet. Bringt man alsdann die Chablone in dieselben Lagen der Rückwärtsbewegung und findet in den äussersten derselben eine Stellung des Aufhängezapfens, in welcher sich die Verbindungslinie $c^2 c^2$ der beiden Stellungen des Aufhängepunktes im Kolbenhingange und Rückgange parallel zur Bewegungsmittellinie stellt, so ist die Lage des Aufhängezapfens für die Vertheilung der Coulissenverschiebung gefunden. Hierfür können jedoch zwei bis drei Versuche erforderlich werden, bis eine der gestellten Forderung entsprechende Höhe für die Mittellinie der Aufhängung über der Linie j S erhalten wird.

Wird nur besonderer Werth auf eine möglichst kleine Verschiebung der Coulisse im Vorwärtsgange der Maschine gelegt, was in den meisten Fällen bei den Steurungen der Schiffsmaschinen zutrifft, so lässt sich die Verschiebung allein durch eine Verstellung der Schwinghebelarme in der Weise wie aus Fig. 31 ersichtlich ist, wesentlich verringern. Durch eine solche Massnahme wird dann die Bewegungsmittellinie nicht mehr vom Bogen r r des Schwingehebels berührt, sondern von demselben in gleicher Weise geschnitten, wie die Bewegungslinie des Punktes m' den Bogen r r in Fig. 27 schneidet.

3. Einfluss einer kurzen Treibstange.

Wenn die Lage des Aufhängepunktes S für gleichgestellten Expansionsanfang bei halbem Kolbenhube, wie im vorigen § gezeigt wurde, gefunden und die Chablone in die Lagen No. 5 und 6 gebracht ist, macht sich der Einfluss des Verhältnisses V, sobald dasselbe beispielsweise 4,5 statt 7,5 ist, durch eine vergrösserte Neigung der Linie $c^2 c^2$ insofern bemerkbar, als der Neigungswinkel dieser Linien in den Lagen der Chablone im Kolbenhingange und Rückgange nicht mehr 5^0, wie bei einem Verhältniss V = 7,5, sondern 18^0 ist. In solchem Falle wird es dann aber unmöglich die Bewegung der Coulisse nach den im vorigen § gegebenen Anweisungen in mehr als einer Bewegungsrichtung der Maschine gleichzustellen, ohne dass Steuerwelle und eine der Excenterstangen in Berührung gebracht werden. Will man sich, was in

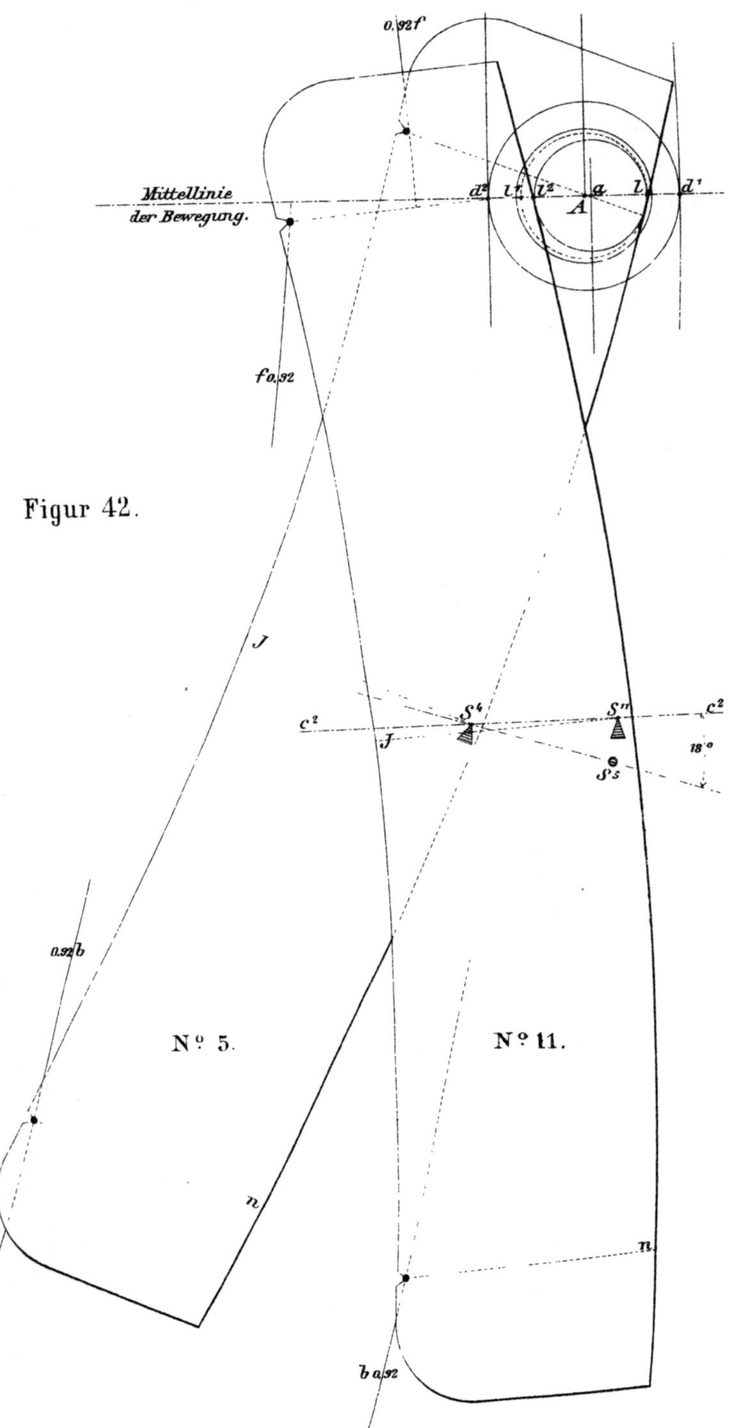
0. 921'
Mittellinie
der Bewegung.
d² l² l² a l¹ d¹
A
fo.32
Figur 42.
J
c² S⁴ S''' c²
J
18·⁰
S'⁵
0.92 b
N° 5.
N° 11.
n
n
b a.32
Verlagsbuchhandlung v. Julius Springer, Berlin N.
Lith Inst. v Fr Wiessner, Berlin

der Regel der Fall ist, damit begnügen, die Schieberbewegung einer Maschine mit verhältnissmässig kurzer Treibstange nur für den Vorwärtsgang gleichzustellen, ohne die Bewegung im Rückwärtsgange zu berücksichtigen, so stehen den dafür zu treffenden Massnahmen keine besonderen Schwierigkeiten entgegen, sofern der Punkt h^3 (Fig. 39) bei Ermittelung der Steuerwellenlage dann ganz ausser Betracht gelassen werden kann.

Muss dagegen die Schieberbewegung in beiden Bewegungsrichtungen der Maschine gleichgestellt sein, so lassen sich die einer derartigen Gleichstellung entgegenstehenden Schwierigkeiten nur auf folgende Weise umgehen. — Es ist einleuchtend, dass die Steuerwelle am wirksamsten und zweckmässigster dann zur Wirkung gelangt, wenn sie mittelst ihres Steuerhebels die Hängeschiene in solche Lagen bringt, in welchen die Schwingungen ihres unteren Zapfenmittels in möglichst parallel zur Bewegungsmittellinie verlaufenden Bögen erfolgen. Wenn daher bei Anwendung einer kurzen Treibstange die Forderung einer Aenderung der Bewegungsrichtung mit möglichst gleichen Kanaleröffnungen im Kolbenhingange und Rückgange gestellt wird, hat man die Chablone aus der Lage No. 6 (Fig. 38) in die Lage No. 11 (Fig. 42) zu bringen, in welcher sich die Linie $c^2 c^2$ parallel zur Bewegungsmittellinie stellt. Durch diese Lagenänderung verlegt sich der Deckungspunkt l^1 nach l^2, verkleinert sich der Deckungskreis $l\,l^1$ und vergrössert sich die lineare Voreilung im Kolbenrückgange um $l^1 l^2$. Das Zapfenmittel A des Schwingehebels verlegt sich nach dem von der Kurbelwelle weiter entfernt liegenden Punkt a, und die lineare Voreilung in mittlerer Coulissenlage wird im Kolbenrückgange grösser als im Kolbenhingange. Weil aber Verschiedenheiten der linearen Voreilung in der Mittellage der Coulisse unter keiner Bedingung zugelassen werden dürfen, so sind dieselben stets zu beseitigen, gleichviel in welchem Grade dadurch Ungleichheiten der linearen Voreilung in den äussersten Coulissenlagen entstehen.

Das einzige Mittel, durch welches dieser Ausgleich wirksam erreicht wird, besteht darin, dass die Coulisse nach einem kleineren Halbmesser gekrümmt wird, als der ist, dessen Länge gleich der Entfernung vom Kurbelwellen- bis zum Steuerwellenmittel ist. Um diesen kleineren Krümmungshalbmesser der Coulisse zu bestimmen, ist mit der Länge A d¹ (Fig. 43) als Halbmesser um das neue Mittel a des Schwingehebelzapfens der Kreis d⁴ d⁵ zu beschreiben, der den Coulissenbogen, sobald die Chablone in die Mittellagen No. 1 und 2 gebracht wird, berühren muss. In der Lage No. 2, in welcher der Coulissenbogen die Bewegungsmittellinie im Punkte d² schneidet, sind die Punkte m und n am Coulissenbogen zu bezeichnen und durch m, d⁵ und n ein Kreisbogen zu beschreiben, dessen Mittelpunkt in der Bewegungsmittellinie liegt. Der Halbmesser dieses Kreisbogens bestimmt das der gestellten Bedingung entsprechende Mass der Coulissenkrümmung und ist in vorliegendem Falle 105,4 cm, also: 125,1 — 105,4 = 19,7 cm kleiner als derjenige, der für ein Verhältniss V = 7,5 das Mass der Coulissenkrümmung war.

Die beiden kleinen Figuren Y und Z zeigen die Veränderung der linearen Kanaleröffnungen vor, bezw. nach der Längenänderung des Krümmungshalbmessers der Coulisse.

Nachdem auf diese Weise der richtige Halbmesser des Coulissenbogens für ein Verhältniss V = 4,5 ermittelt ist, muss eine neue Chablone angefertigt werden und dieselbe den veränderten Bedingungen gemäss in die Lagen No. 1 bis No. 10, wie wenn gar keine Untersuchung der Bewegung vorher stattgefunden hätte, gebracht werden.

Aus einer solchen von Neuem erfolgenden Untersuchung ergiebt sich dann eine Bewegung der Coulisse mit vollständig gleichgestelltem Expansionsanfang in allen Coulissenlagen, die in den äussersten Lagen der Coulisse nur wenig von einander abweichende und in der Mittellage ganz gleiche Kanaleröffnungen zeigt, welche die linearen Voreilungen im Kolbenhingange von 1 d (Fig. Z) in äusserster bis 1 d⁴ in mittlerer und im Kolbenrückgange von 1² d³ (Fig. Z) in äusserster bis 1² d⁵ in mittlerer Coulissenlage zunehmen und in letzterer ganz gleich werden lässt. Alle in der Bewegung alsdann noch vorhandenen Ungleichheiten erscheinen in den äusseren Coulissenlagen, in welchen dieselben auf die Dampfvertheilung nur verschwindenden Einfluss haben.

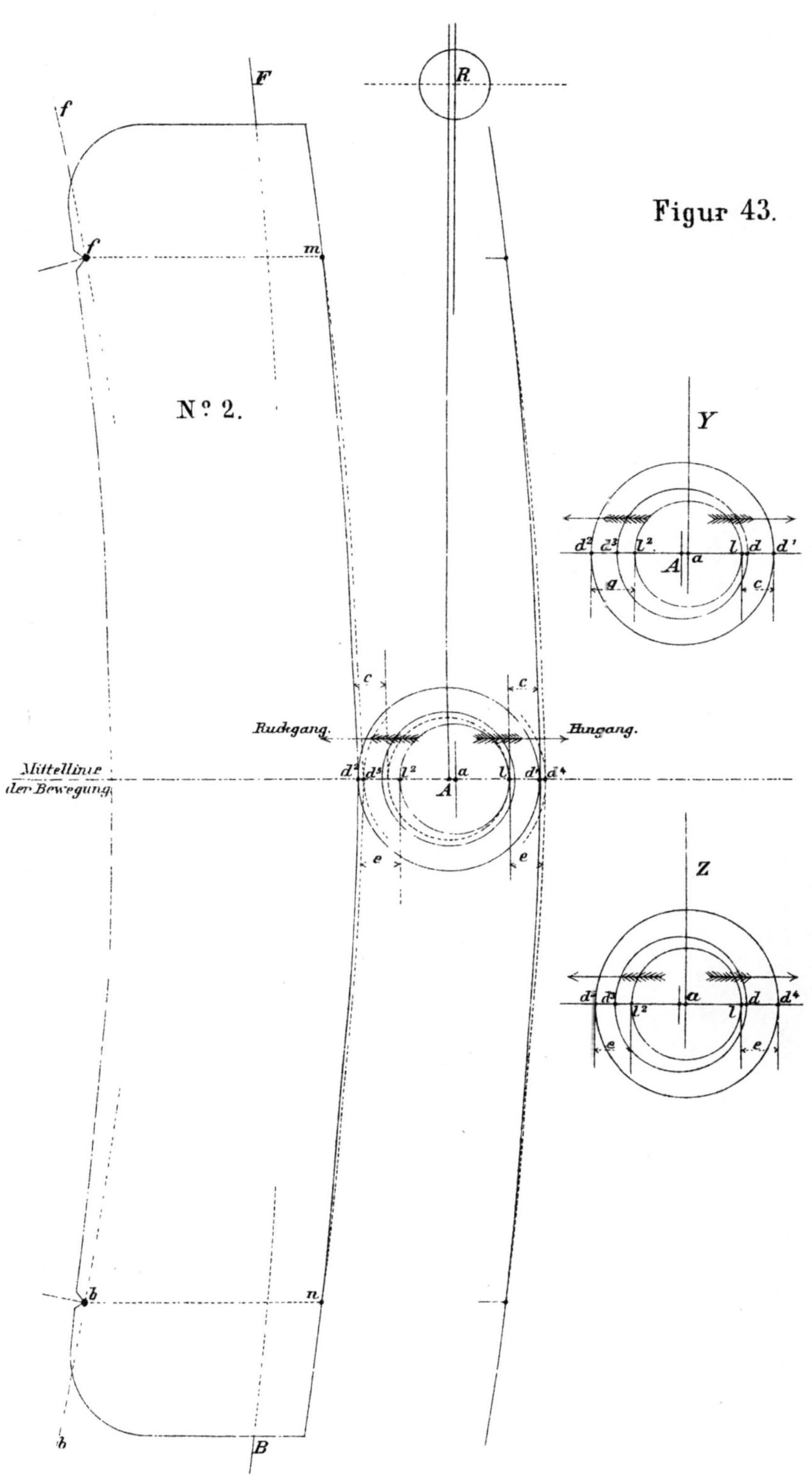

Verlagsbuchhandlung v. Julius Springer, Berlin N.
Lith. Inst. v. Fr Wiessner, Berlin.

Hiernach ist es also nicht erforderlich, dass mit einer Coulissensteuerung grosse Ungleichheiten der Kanaleröffnungen zugelassen werden brauchen, es sei denn, dass die kleinste Eröffnung grösser ist als der $0,6^{\text{te}}$ oder $0,9^{\text{te}}$ Theil der im § 7 näher bezeichneten Kanalweite, in welchem Falle Ungleichheiten ohne Einfluss auf den Dampfeintritt bleiben. Wünschenswerth bleibt aber immer nicht allein in der Mittellage der Coulisse ganz gleiche Eröffnungen der Kanäle zu haben, sondern auch in den anderen Lagen der Coulisse möglichst geringe Unterschiede in denselben zu gewinnen.

Hinsichtlich der Grösse der linearen Voreilung ist es im Locomotivbau üblich, dieselbe für die Schieberbewegung einer fest aufgehängten Coulisse unveränderlich, gleich 1 cm, zu nehmen, dagegen für eine bewegliche Coulisse, unter sonst gleichen Verhältnissen, dieselbe von 0,15 bis 0,3 cm in äusserster und von diesen Grenzen an bis 1,0 cm in mittlerer Lage zunehmend zu wählen. Mit diesen Voreilungen geben beide Steurungen — soweit solches bislang hat ermittelt werden können — gleich gute Resultate. Es ist desswegen irrig, den so oft gegen geringe Ungleichheiten der linearen Voreilung erhobenen Bedenken allzu grosse Bedeutung beizulegen; dagegen ist es zutreffend, dass sich innerhalb gewisser Grenzen die durch kurze Treibstangen hervorgerufenen Unregelmässigkeiten am wirksamsten durch gleiche lineare Voreilungen ausgleichen lassen. Bei den Steurungen der Schiffsmaschinen muss daher in allen Fällen streng beachtet werden, dass, um die häufig sehr schweren Massen der sich bewegenden Theile bei abnehmender Geschwindigkeit des Kolbens gegen Ende des Hubes allmählich in Ruhe gelangen zu lassen, gleiche Cylinderfüllungen im Kolbenhingange und Rückgange erforderlich werden. Für diese Maschinen ist es desswegen immer vortheilhafter die lineare Voreilung und den Expansionsanfang für eine der beiden Bewegungsrichtungen, soweit als practisch möglich ist, gleichzustellen, dagegen aber auf die Bewegungen des Schiebers in der anderen Bewegungsrichtung der Maschine weniger Sorgfalt zu verwenden.

In den bisherigen Untersuchungen der Steurung mit beweg-

licher Coulisse ist nie der Gleichstellung des Compressionsanfanges
Erwähnung geschehen. Es ist dieses aus dem Grunde unterblie-
ben, weil die Gleichstellung des Expansionsanfanges auch diejenige
des Compressionsanfanges herbeiführt. Man überzeugt sich hiervon,
sobald man berücksichtigt, dass die Mittelstellung A des Schiebers
oder die Stellung, in welcher der Austritt des Dampfes einerseits
und die Compression andererseits erfolgt, genau in der Mitte
zwischen den beiden Punkten 1 und 1^1 des Expansionsanfanges
liegt, so dass, wenn die Schieberbewegung für letzteren gleichgestellt ist, auch die Gleichstellung des Compressionsanfanges,
sobald die Punkte 1 und 1^1 nahe bei einander liegen, erfolgt
sein muss. Beginnt jedoch der späteste Expansionsanfang bei
ungefähr 0,75 des Hubes, so entfernen sich die Deckungs-
punkte 1 und 1^1 von einander, und in den meisten Fällen treten
alsdann merkliche Unterschiede im Compressionsanfange bei
mittlerer Coulissenlage auf, welche dem Gange der Maschine
nachtheilig werden können und desswegen ausgeglichen werden
müssen. In solchen Fällen wird es daher zweckmässig sein, die
Unterschiede im Compressionsanfange in mittlerer Coulissenlage festzustellen und durch Verwendung positiver oder negativer
innerer Deckungen des Schiebers oder, was in der Wirkung dasselbe ist, durch entsprechende Verlegung des Austrittskanales S
in Bezug auf die Innenkanten der Schieberlappen, dieselben
auszugleichen.

Um den Betrag der für diesen Zweck erforderlichen Verschiebung des Austrittskanales zu ermitteln, ist die Chablone
mit den Ausschnitten für die Mittel der Excenterstangenzapfen
auf den Bögen $\frac{1}{2}$f und $\frac{1}{2}$b oder f$\frac{1}{2}$ und b$\frac{1}{2}$ (Fig. 36) ruhend,
in eine der beiden Lagen No. 3 und No. 4 für gleichgestellten
Expansionsanfang bei halbem Kolbenhube zu bringen und auf
diesen Bögen dahin zu verschieben, wo der Coulissenbogen
— je nachdem die Kanaleröffnungen gleichgestellt waren oder
nicht — durch den Punkt A oder a geht. In einer dieser Chablonenlagen ist der Aufhängepunkt der Coulisse zu bezeichnen und
durch denselben eine Parallele zur Bewegungsmittellinie zu legen.
Wenn hierauf die Chablone in die zweite Lage für den gleich-

gestellten Expansionsanfang bei halbem Kolbenhube gebracht und in derselben dahin verschoben wird, wo der Aufhängepunkt in die vorhin zur Bewegungsmittellinie parallel gelegte Linie fällt, so giebt der Punkt, in welchem hier der Coulissenbogen die Bewegungsmittellinie schneidet, mit seiner halben Entfernung von A oder a den Betrag an, um den der Austrittskanal in Bezug auf die inneren Schieberkanten versetzt werden muss, sobald die Compression in beiden Kolbenhüben einer Kurbelumdrehung nach gleichen Kolbenwegen beginnen soll. Fällt dieser Schnittpunkt auf die Vorwärtsseite des Schieberhubes, so ist der Austrittskanal dem Schieberlappen F in Fig. 11 für den Kolbenhingang, fällt derselbe dagegen auf die Rückwärtsseite, dem Lappen N für den Kolbenrückgang zu nähern.

4. Einfluss der Entfernung der Excenterstangenzapfen vom Coulissenbogen.

Nach den vielen vorkommenden fehlerhaften Stellungen der Excenterzapfen in Bezug auf den Coulissenbogen zu urtheilen, könnte man zur Ansicht gelangen, dass der Stellung dieser Zapfen gar kein oder nur unbedeutender Einfluss auf das Ebenmass der Schieberbewegung zuzuschreiben wäre. Eine solche Ansicht würde aber durchaus irrig sein, weil in keinem Falle die Lage der Angriffspunkte der Excenterstangen ohne Einfluss bleibt, und jede Aenderung derselben ihren Einfluss auf die Bewegung des Schiebers in merkbarer Weise zu erkennen giebt. Für eine Steurung, die mit der in Fig. 25 angegebenen gleiche Anordnung hat, ist ein rückwärts vom Coulissenbogen nach der Kurbelwelle zu erfolgter Anschluss der Excenterstangen an die Coulisse am zweckmässigsten, sofern derselbe dem Schwingehebelzapfen im Kolbenhingange eine beschleunigte Bewegung ertheilt, die für gewöhnlich durch Höherstellen der Coulisse um den Betrag der Coulissenverschiebung erreicht wird.

Um diese der Coulisse No. 1 anhaftende Eigenschaft näher zu erläutern, ist der obere Theil der Fig. 38 in Fig. 44 wieder gegeben und in derselben, in den Punkten 1 und 1¹ des Expansionsanfanges, Lothrechte zur Bewegungsmittellinie errichtet.

Durch Messung der horizontalen Entfernungen R und T dieser
lothrechten Linien vom Mittel f des Excenterzapfens, welches
in den Kreisbögen des Expansionsanfanges bei 0,92 des Kolbenhubes steht, wird ersichtlich, dass die Entfernung T im
Kolbenhingange erheblich kleiner ist als die Entfernung R im
Kolbenrückgange und dass, wenn T gleich R werden soll, der
Schwingehebelzapfen sich über 1 hinaus bewegen und folglich
der Expansionsanfang sich verspäten muss. In Wirklichkeit

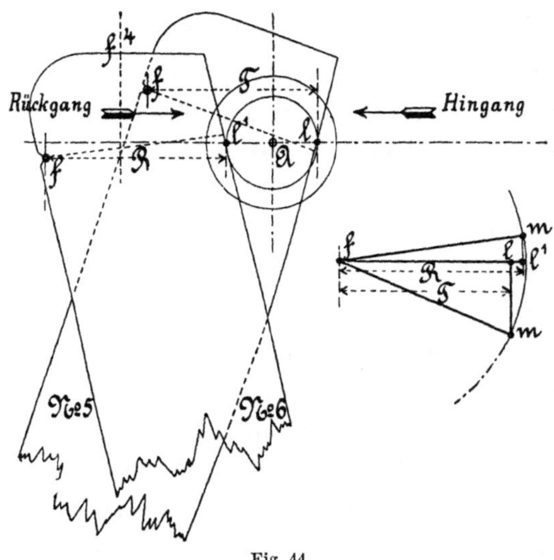

Fig. 44.

wird die Coulissenverschiebung durch Höherbringen des Excenterstangenzapfens, statt durch Höherbringen der Coulisse vermieden. Der aus dieser Thatsache entspringende Vortheil ist
sehr gross, weil die Gleichstellung der Bewegung alsdann auch
die Coulissenverschiebung verringert und die Aufhängung der
Coulisse mittelst Hängeschiene am Hebel einer Steuerwelle wesentlich erleichtert.

Bei Locomotivsteuerungen stellt man die Excenterstangenzapfen 5,7 bis 7,6 cm vom Coulissenbogen ab nach der Treibachse zu und bemisst für Steuerungen der Schiffsmaschinen diese
Grenzen im Allgemeinen doppelt so gross.

Der grösste Einfluss, den die gegen den Coulissenbogen

Anwendungen der Coulisse N⁰ 1. (Positive Bewegung.)

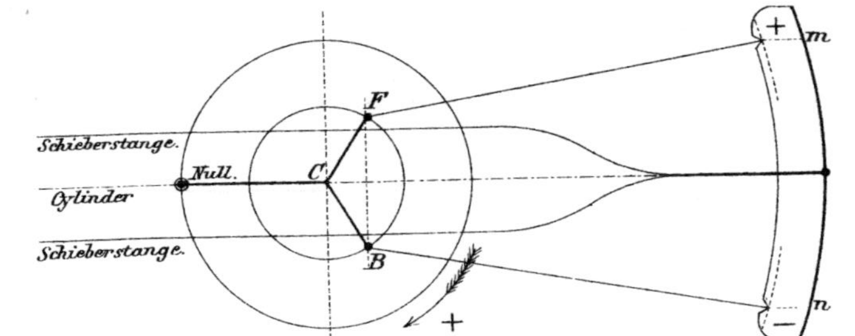

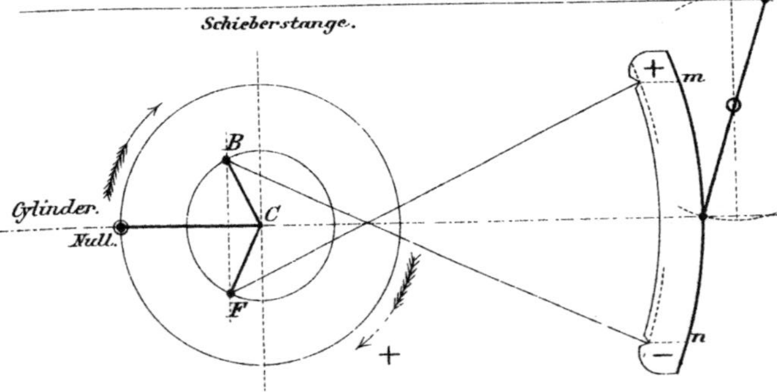

Vorwärts arbeitende Maschinen.

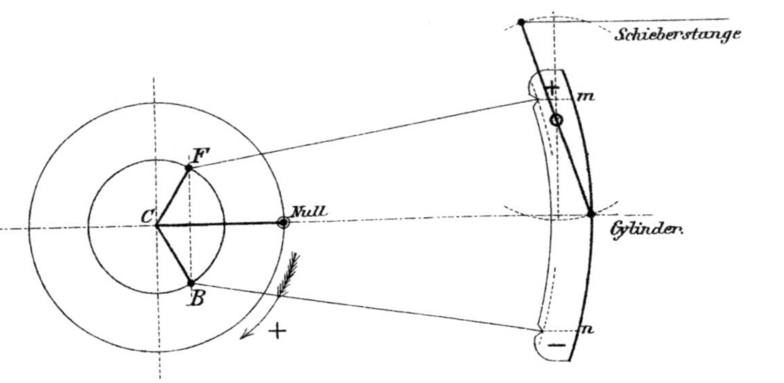

Rückwärts arbeitende Maschinen.

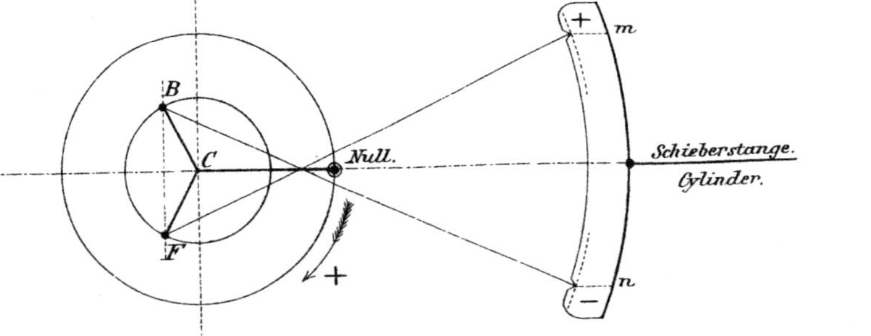

Verlagsbuchhandlung v Julius Springer Berlin N

Lith Inst v Fr Wiessner, Berlin

zurückgestellten Zapfen der Excenterstangen zeigen, ist also der, dass innerhalb gewisser Grenzen die Coulissenbewegung sich um so leichter gleichstellen lässt, je weiter diese Zapfen vom Coulissenbogen ab nach der Kurbelwelle zu gestellt sind.

Aus Vorgehendem zeigt sich also, dass sich die Coulisse No. 1 vornehmlich für eine Bewegung eignet, welche Beschleunigung des Expansionsanfanges für einen von A nach l gelegenen Punkt herbeiführen soll, und deren kleinster Kurbelwinkel des Expansionsanfanges zwischen dem Wellenmittel und der Coulisse liegt (wie in Fig. 33).

Die vier Figuren auf der beigefügten Tafel zeigen in einfachen Linien Steurungen mit beweglicher Coulisse No. 1, deren Anordnungen sich bei einer positiven Drehungsrichtung der Kurbel besonders charakterisiren. Um mit Hülfe derselben die Anordnung für eine negative Drehungsrichtung zu erhalten, ist es nur erforderlich die Bewegung umzukehren, den Cylinder auf die entgegengesetzte Seite der Welle zu bringen oder mit anderen Worten: die treibende Kraft von der entgegengesetzten Seite der Welle her auf die Kurbel wirken zu lassen.

Im § 17 ist erwähnt worden, dass die Kurbelwinkel einer rückwärts arbeitenden Maschine die umgekehrten einer vorwärts arbeitenden sein müssen. Wenn daher die Drehungsrichtung in beiden Fällen dieselbe bleiben soll, ist es für die rückwärts arbeitende Maschine erforderlich, die Anfangsstellungen F und B der Excentermittel den Anfangsstellungen einer vorwärts arbeitenden Maschine entgegengesetzt zu verlegen und eine der beiden schematischen Anordnungen auf beigefügter Tafel dafür zu benutzen.

Folgende Dimensionen sind der Steurung einer vorzüglichen Güterzuglocomotive entnommen; durch ihre Verwendung für eine Construction der Steurung wird der Anfänger mit den in beiden letzten §§ erklärten Methoden vertraut werden.

Durchmesser der sechs Treibräder = 144,8 cm;

　-　　　　　-　beiden aussen liegenden Dampfcylinder
　　= 45,7 cm;

Kolbenhub = 55,9 cm;

Länge der Treibstangen = 218,4 cm;

Breite der Dampfkanäle = 38,1 cm;

Weite des Einlasskanales = 3,5 cm;

　　　des Auslasskanales = 7,6 cm;

Grösse der Excentricität = 6,35 cm;

Grösste Cylinderfüllung bei 0,8 des Kolbenhubes;

Lineare Voreilung in mittlerer Coulissenlage = 0,8 cm;

Entfernung der Schwingehebelwelle von der Treibachse
　　= 140,3 cm;

Länge der Schwingehebelarme = 22,9 cm;

Entfernung der beiden Excenterstangenzapfen = 33 cm;

Länge des Steuerhebels = 45,7 cm;

　　　der Hängeschiene = 34,3 cm, und

Entfernung der Excenterstangenzapfen vom Coulissen-
　　bogen = 8,3 cm.

Zu bestimmen ist: der Krümmungshalbmesser des Coulissenbogens, die Entfernung des Aufhängepunktes vom Coulissenbogen nach der Treibachse zu, die Deckung des Schiebers, die
lineare Voreilung in äusserster Coulissenlage und die Lage der
Steuerwelle.

———————

§ 37.

Coulisse No. II.

Die Coulisse No. II (Fig. 45) gewöhnlich „Offene Coulisse"
genannt, wird vorwiegend dann verwendet, wenn die Bewegungen
einer Coulisse unmittelbar, ohne Vermittelung eines Schwingehebels auf den Schieber übertragen werden sollen, wie dieses namentlich an englischen Locomotiven anzutreffen ist. Sie unter-
scheidet sich in ihrer Gestaltung von der Coulisse No. 1 durch die
Stellung der die Coulisse mit den Excenterstangen verbindenden

Zapfen, die, anstatt Stellungen rückwärts vom Coulissenbogen einzunehmen, in demselben, in den Punkten f und b, oberhalb und unterhalb der äussersten Arbeitspunkte m und n sich befinden. Wegen der dadurch bedingten grösseren Entfernung der Punkte f und b erfordert die Coulisse No. II unter sonst gleichen Verhältnissen mit der Coulisse No. 1 einen grösseren Excenterhub als letztere.

Bei Locomotivsteurungen ist die Entfernung der beiden Zapfen f und b 40,6 bis 50,8 cm, die Excentricität 7 bis 8,9 cm

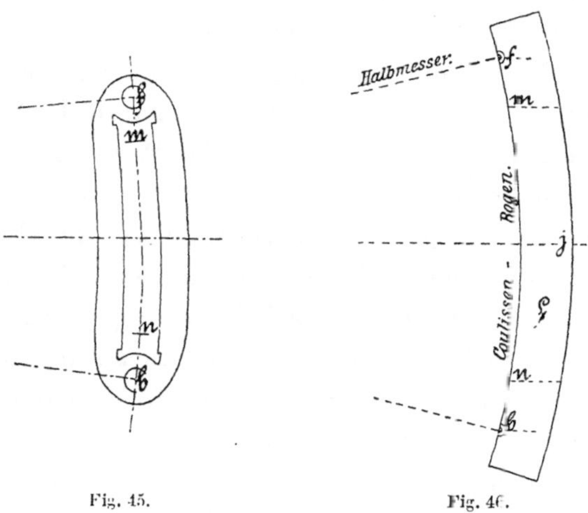

Fig. 45.   Fig. 46.

und die Entfernung der Arbeitspunkte m und n von den Punkten f bezw. b gewöhnlich 7,6 cm.

Die Form der Chablone des Coulissenbogens ist für diese Gestaltung der Coulisse in Fig. 46 angegeben.

Die Verwendung der Coulisse No. 2 erfolgt besonders dann, wenn für die Schieberbewegung eine Beschleunigung des Expansionsanfanges für irgend einen über die Mittelstellung A, (Fig. 44) hinaus gelegenen Punkt verlangt wird, und sich dabei die grössten Kurbelwinkel des Expansionsanfanges zwischen der Coulisse und dem Kurbelwellenmittel befinden. Wie im vorigen § gezeigt wurde, ist die Coulisse No. I vornehmlich für eine Bewegung geeignet, deren kleinste Kurbelwinkel des Expansionsanfanges die Lage zwischen Coulisse und dem Wellenmittel einnehmen, und in welcher sich der Excenterstangenzapfen dadurch in die Stellung f heben liess, dass die Entfernung T kleiner als R gemacht wurde. Wenn jedoch die grössten Kurbelwinkel diese Lage einnehmen, so wird der Punkt f nach einer mehr der Kurbelwelle zu gelegenen Linie f^4 verschoben und die Coulissenverschiebung, in dem Bestreben T gleich R werden zu lassen, vergrössert. Beachtet man, dass beide Längen T und R gleich werden, wenn der Coulissenbogen durch das Mittel der Excenterstangenzapfen führt, so erkennt man, dass für solche Lagen der Kurbelwinkel sich die zweischildige und kastenförmige Coulisse No. II der Figuren 49 mit ihren über, bezw. unter den Punkten m und n befindlichen Zapfen f und b der Excenterstangen besser eignet als die Coulisse No. I und sogar in Fällen, in welchen auf möglichst kleine Excenterhübe Werth gelegt werden muss, verwendet wird.

Die Coulisse No. I hat wie die Coulisse No. II vier vornehmlich für sie gebräuchliche Anordnungen, die in den beiden Diagrammen beigefügter Tafel für eine positive Drehungsrichtung der Kurbel, sowohl für vorwärts als für rückwärts arbeitende Maschinen, angegeben sind. Wie bereits bei der Coulisse No. I erwähnt ist, wird die negative Drehungsrichtung durch Verlegung des Cylinders und der Coulisse auf die andere Seite der Kurbelwelle sowie durch Entnahme der treibenden Kraft von dieser Seite der Welle her erhalten. Wenn daher beabsichtigt wird eine Maschine mit einer vorwärts oder rückwärts arbeitenden Treibstange zu versehen, ihre Coulisse mit oder ohne Schwingehebel auf den Schieber wirken zu lassen, so dass ihr Vorwärtsgang mit positiver oder negativer Drehungsrichtung erfolgt, kann einem der beiden Diagramme die dafür geeignete Anordnung entnommen und gleichzeitig auch diejenige Wellenseite erhalten werden, auf welche der Cylinder für die verlangte Drehungsrichtung der Kurbel in äusserster Coulissenlage des Vorwärtsganges zu legen ist.

Es verdient hervorgehoben zu werden, dass bei horizontalen Maschinen die untere Hälfte einer Coulisse No. II niemals für den Vorwärtsgang verwendet werden darf, weil das Gewicht der

Anwendungen der Coulisse N⁰ 2. (Positive Bewegung)

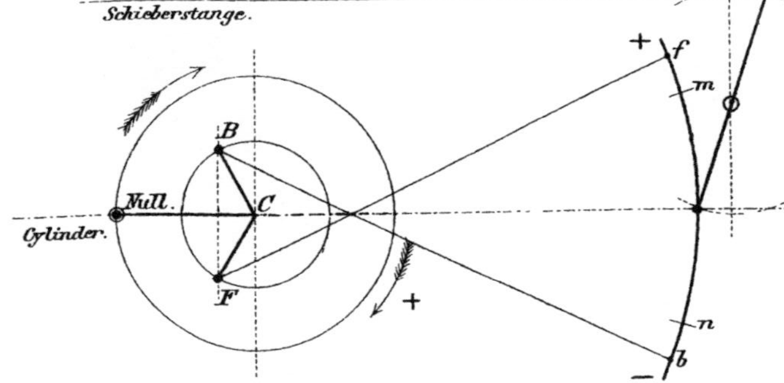

Vorwärts arbeitende Maschinen.

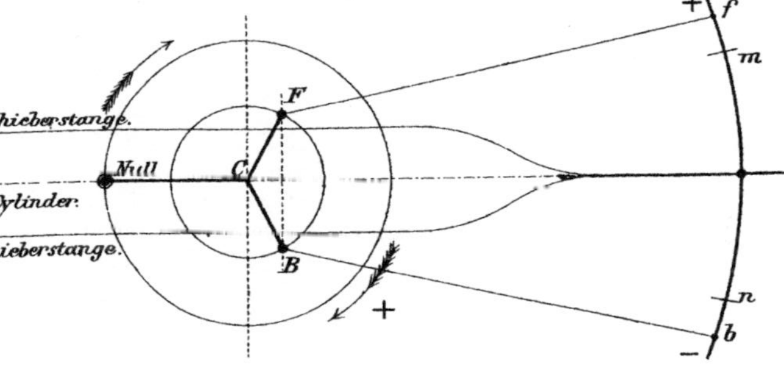

Rückwärts arbeitende Maschinen.

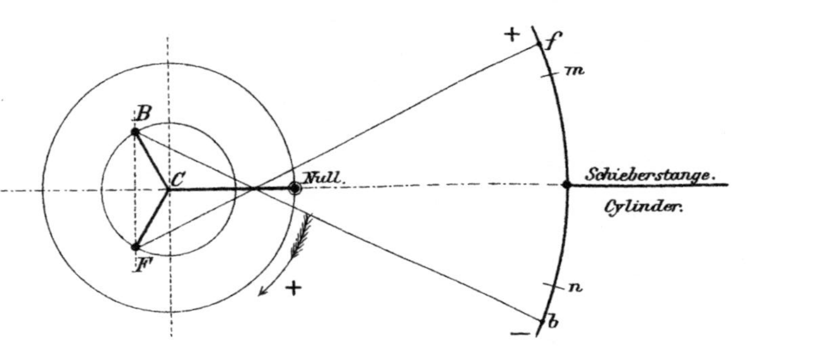

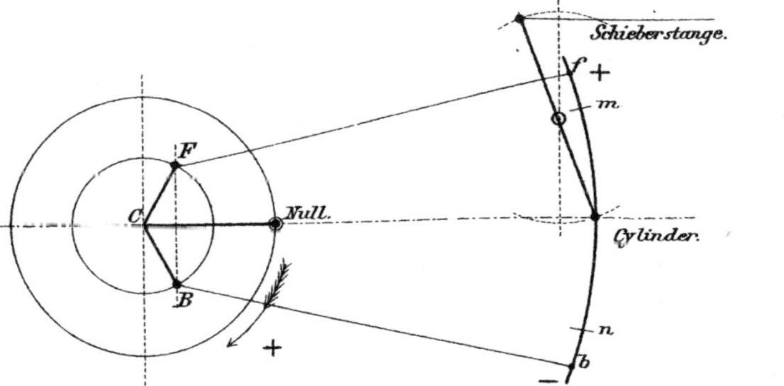

Verlagsbuchhandlung v. Julius Springer, Berlin N.

Lith. Inst v Fr Wiessner, Berlin.

überhängenden und unterstützten Theile der Steurung Schwankungen derselben und dadurch Störungen in der Bewegung hervorrufen würde.

---

§ 38.
Construction der Coulisse No. II.

Um annähernd die Excentricität und den Voreilungswinkel für einen gegebenen Schieberhub, eine gegebene Coulissenlänge und Entfernung der äussersten Arbeitspunkte m und n zu ermitteln, kann folgendes Verfahren eingeschlagen werden:

Um einen beliebigen Punkt C der verticalen Linie FR, Fig. 47, lege man den Halbkreis EH mit einem der Länge des gegebenen Schieberhubes gleichen Durchmesser. Von C ab trage man CP gleich der Entfernung des Arbeitspunktes m vom Mittel des Excenterstangenzapfens, sowie CS gleich der halben Coulissenlänge und beschreibe um S als Mittelpunkt die Kreisbögen Cf Pm und Rb. Unter der Voraussetzung, dass die Expansion bei 0,78 des Kolbenhubes beginnt, ist der Versuchsvoreilungswinkel nach dem Schieber-Diagramm 28°. Diesen Winkel

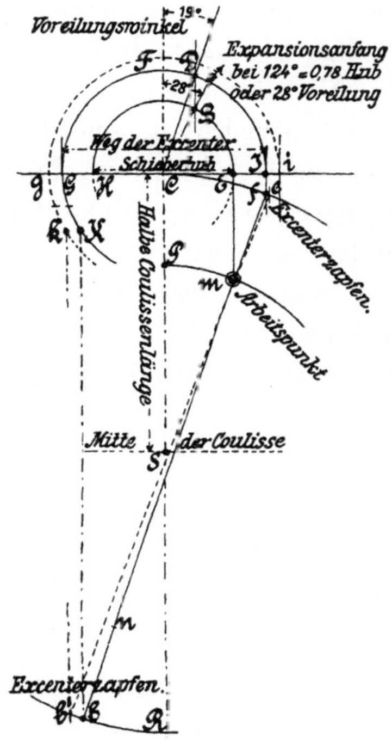

Fig. 47.

lege man an die Linie CF und im Schnittpunkte B seines Schenkels mit dem Hubkreise EH des Schiebers die Linie BD parallel mit FR. Um C beschreibe man hierauf mit einem versuchsweise angenommenen Halbmesser CF als Länge der Excentricität den Kreis IFK und nehme die Bogenlänge GK dieses Kreises gleich der doppelten Bogenlänge FD. Durch K lege man parallel zu CR eine Linie, welche den durch R führenden Kreisbogen im Punkte b schneidet und verbinde b mit dem Arbeitspunkte m der Coulisse durch eine über den letzteren Punkt hinaus verlängerte gerade Linie. Wenn jetzt diese Linie durch den Punkt f führt, in welchem sich der Kreisbogen Cf und die im Punkte I den Kreis IFK tangirende Linie If schneiden, so ist der Durchmesser des Excenterkreises zutreffend gewählt; wenn nicht, führt die verlängerte Linie bm rechts an f vorbei, so hat man den angenommenen Durchmesser des Kreises IFK zu vergrössern, führt sie links an f vorbei, zu verkleinern, so dass beispielsweise die Lage des Punktes e im Bogen Cf einen zu gross gewählten Excenterkreis igk anzeigen würde.

Nachdem auf diese Weise die richtige Länge der Excentricität gefunden ist, sind die Punkte D und C durch eine gerade Linie zu verbinden, die durch ihre Neigung zur Linie FR den richtigen Voreilungswinkel für den verlangten Expansionsanfang zu 19° bestimmt.

Obgleich diese Construction keinen Anspruch auf strenge Richtigkeit erheben kann, bleibt sie dennoch für alle practische Anwendungen brauchbar.

Für die Ermittelung der Bewegungsverhältnisse einer Coulisse No. II von der in Fig. 45 angegebenen Form sollen die folgenden Verhältnisse und Dimensionen angenommen werden:

Verhältniss der Treibstangenlänge zur Kurbellänge = 6,5;

Expansionsanfang bei 0,8 des Kolbenhubes;

Schieberhub = 12,1 cm;

Entfernung vom Schieberstangenzapfen bis Mitte der Kurbelwelle = 152,4 cm;

Entfernung der Mittel beider Excenterstangenzapfen = 45,7 cm;

Entfernung der äussersten Arbeitspunkte von den Mitteln der Excenterstangenzapfen = 7,6 cm; und

Lineare Voreilung in mittlerer Coulissenlage = 1 cm.

Durch die im Vorhergehenden in Fig. 47 angegebene Construction bestimmt sich aus diesen Dimensionen der Voreilungswinkel der Excenter zu ungefähr 16^0 und der Excenterhub zu 17,1 cm. Werden nun Treibstange und Coulisse der Maschine vorwärts arbeitend vorausgesetzt, so erfolgt die Excenterbewegung von denjenigen Stellungen aus, welche der ersten Figur der für diese Coulisse gegebenen Anwendungen zu entnehmen sind, und für welche die vier Anfangsstellungen F, B, f und b sowie diejenigen bei halbem Kolbenhube auf die in Fig. 33 angegebene Weise ermittelt werden müssen, während die vier Excenterstellungen für den Expansionsanfang bei 0,8 des Kolbenhubes durch Abtragen der entsprechenden Kurbelwinkel von den Linien F C, B C, f C und b C gefunden werden.

Nachdem diese zwölf wichtigsten Excenterstellungen bezeichnet sind und eine Chablone von der in Fig. 46 angegebenen Form angefertigt ist, sind die Bewegungen des Coulissenbogens zu ermitteln, hierauf die Lage der Steuerwelle in der für die Coulisse No. I angegebenen Weise festzulegen und alsdann:

1. der Schieberhub $d^1 d^2$ in mittlerer Coulissenlage,
2. die äussere Deckung A 1 für den gefundenen Schieberhub in mittlerer Coulissenlage und
3. die Stellung des Aufhängezapfens für den gleichgestellten Expansionsanfang bei halbem Kolbenhube

zu bestimmen.

Da sich die Coulisse No. II besser für eine Aufhängung am oberen Excenterstangenzapfen eignet als für eine Aufhängung an einem in irgend einem anderen Punkte der Coulisse befindlichen Zapfen, so erhält auch die Steuerwelle zweckmässiger unterhalb als oberhalb der Bewegungsmittellinie ihre Lage. Bezeichnet man in den einzelnen Lagen der Chablone die Stellungen der Excenterstangenzapfen und diejenigen ihrer Mittellinie j, so gewinnt man die Möglichkeit aus denselben die geeignetste der drei überhaupt verwendbaren Aufhängungsweisen der Coulisse zu ermitteln.

Was die eine dieser drei Aufhängungsmethoden, die cen-

Nachdem die richtige Krümmung des Coulissenbogens auf diese Weise bestimmt ist, muss eine neue Chablone von der in Fig. 47 angegebenen Form angefertigt und die ganze Bewegung der Coulisse von Neuem mit derselben untersucht werden. Aus einer solchen wiederholten Untersuchung der vorliegenden Steurung ergiebt sich dann der richtige Krümmungshalbmesser der Coulisse zu 170,2 cm, die Schieberdeckung zu 2,6 cm und die Zunahme der linearen Voreilung im Kolbenhingange von 0,3 cm in äusserster bis 1,0 cm in mittlerer sowie im Kolbenrückgange von 0,5 cm in äusserster bis 1,0 cm in mittlerer Coulissenlage. Treffen sich dabei die Bewegungslinien des Aufhängezapfens cc, $c^2 c^2$ und $c^3 c^3$ in einem seitwärts von der Coulisse liegenden Punkte, wie im vorliegenden Falle bei centraler Aufhängung rechts von der Coulisse, so ist die Steuerwelle auf die Seite dieses Schnittpunktes zu legen.

Hängt die Coulisse am oberen Excenterstangenzapfen, so geben die Linien hh, $h^2 h^2$ und $h^3 h^3$ die Bewegungsrichtungen des Aufhängezapfens im Vorwärtsgange der Maschine an, und die Steuerwelle ist unter der Bewegungsmittellinie anzubringen; dagegen nehmen dieselben Linien bei einer Aufhängung der Coulisse am unteren Excenterstangenzapfen die Lagen ee, $e^3 e^3$ und $e^4 e^4$ ein, wofür die Steuerwelle über der Bewegungsmittellinie anzubringen ist.

In jedem Einzelfalle muss der Constructeur entscheiden, welche Ungleichheiten der linearen Voreilungen in den äussersten Coulissenlagen und welche Unterschiede im Expansionsanfange zugelassen werden dürfen, desgleichen auch darüber zu bestimmen, in wie weit die Schieberbewegung im Vorwärtsgange der Maschine ohne Berücksichtigung derjenigen im Rückwärtsgange gleichgestellt werden muss.

———————

Gewöhnlich ist für eine Untersuchung der verschiedenen Coulissensteuerungen unter anderen weniger wichtigen Dimensionen nur die Schieberdeckung und lineare Voreilung in mittlerer Coulissenlage gegeben, aus welchen dann lineare Voreilung in den

äussersten Coulissenlagen, sowie spätester Expansionsanfang ermittelt werden müssen.

Ist Letzteres der Fall, so ist man gezwungen die Untersuchung in umgekehrter Reihenfolge vorzunehmen, auf der Bewegungsmittellinie Deckung und lineare Voreilung in der aus
Fig. 36 ersichtlichen Weise abzutragen und die Chablone in die
Lagen No. 1 und No. 2 (Fig. 35) zu bringen, alsdann mit der
Excenterstangenlänge um die Stellungen der Excenterstangenzapfen als Mittelpunkte nach der Kurbelwelle zu Kreisbögen von
unbestimmter Länge zu legen, deren Schnittpunkte F, B, f und b
mit dem Excenterkreise in gleichen Entfernungen von der Bewegungsmittellinie liegen und durch ihre Entfernungen von der
lothrechten Linie GH den gesuchten Voreilungswinkel der Excenter bestimmen.

§ 39.
Doppelschildige und kastenförmige Coulisse.

Obgleich die Herstellung der in Fig. 49 angegebenen doppel-
schildigen und kastenförmigen Coulissen erheblich umständlicher
ist, als diejenige der Coulisse No. II, werden dennoch beide in
solchen Fällen stets vortheilhaft verwendet, in welchen es darauf
ankommt, mit einem möglichst kleinen Excenterhube einen gegebenen Schieberhub hervorzubringen.

Beide Constructionen lassen sich auch recht gut an Stelle
der Coulisse No. I verwenden, sobald nur hinsichtlich der Grösse
der Coulissenverschiebungen weniger hohe Anforderungen gestellt
werden. Dem Aufhängezapfen giebt man alsdann vortheilhaft
etwas vor dem Coulissenbogen Stellung und zwar in einem
Punkte, der mit Hülfe der Chablonenlagen No. 3 und No. 4 für
gleichen Expansionsanfang bei halbem Kolbenhube und der Mittellinie j S, Fig. 36, gefunden wird.

Wird dagegen eine der beiden Constructionen an Stelle der
Coulisse No. II verwendet, so erhält der Aufhängezapfen in der
Regel im Coulissenbogen selbst oder in einem von demselben

wenig entfernt nach der Kurbelwelle zu gelegenen Punkte Stellung, wie namentlich bei den Steurungen der Schiffsmaschinen anzutreffen ist.

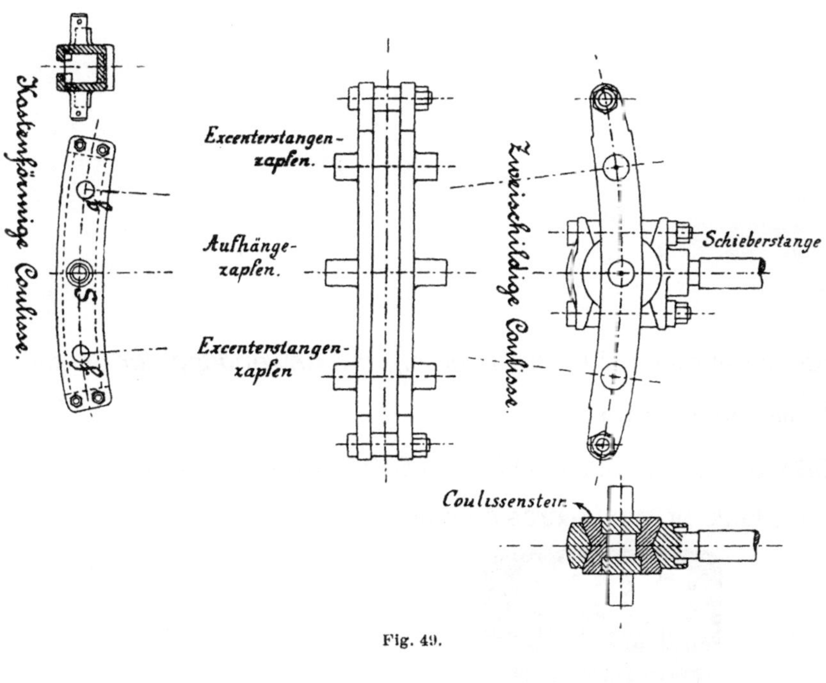

Fig. 49.

§ 40.
Steurung mit fest aufgehängter Coulisse.

Die Verbindung der Excenter mit dem Steurungsschieber in der Weise wie eine Steurung mit fest aufgehängter Coulisse dieselbe zeigt, wird vielfach dann angewendet, wenn die Gesammtanordnung der Maschine den Schwingehebel entbehrlich macht oder sich der Anbringung desselben Hindernisse entgegenstellen.

Die in Fig. 50 dargestellte Anordnung dieser Steurung, in welcher die Excenter Stellungen einnehmen wie dieselben der Bewegung einer vorwärts arbeitenden Maschine entsprechen, giebt ein deutliches Bild von der wechselseitigen Einwirkung ihrer Theile auf einander und zeigt zugleich eine der zweck-

Additional material from *Die practische Anwendung der Schieber- und Coulissensteuerungen,*
ISBN 978-3-662-32319-9 (978-3-662-32319-9_OSFO3),
is available at http://extras.springer.com

mässigsten Aufhängungsweisen dieser Coulisse. Die mittelst einer Schiene an einem festen Zapfen aufgehängte Coulisse nimmt an der schwingenden Bewegung der Schiene Theil, gestattet aber dabei die Verschiebung des im Coulissenschlitze beweglichen und durch eine Schubstange mit der Schieberstange in Verbindung stehenden Coulissensteines. Die Verschiebung des letzteren in jede beliebige zwischen äusserster Schubstangenlage des Vor- und Rückwärtsganges befindliche Stellung m erfolgt von der Steuerwelle aus durch einen auf derselben befestigten und mit der Schieberschubstange durch eine Steuerstange in geeigneter Verbindung stehenden Winkelhebel. Der Coulissenschlitz ist nach einem mit der Länge der Schieberschubstange übereinstimmenden Halbmesser gekrümmt. Das Mittel des die Schubstange mit der Schieberstange verbindenden Zapfens liegt in der Bewegungsmittellinie im Punkte d^1 oder d^2, je nachdem die Kurbel ihre Stellung im Nullpunkte oder in dem dieser Stellung entgegengesetzten Punkte einnimmt. Hieraus geht aber hervor, dass der Coulissenstein aus der einen äussersten Lage in die andere verschoben werden kann, ohne die Lage der Punkte d^1 oder d^2 im Geringsten zu ändern, und dass desswegen durch diese Coulisse die lineare Voreilung in allen Lagen der Schubstange auf die in Fig. 21 ersichtliche Weise unveränderlich erhalten wird.

Die Wirkungsweise dieser Steurung wird aus diesem Grunde gewöhnlich dahin charakterisirt, dass man dieselbe als eine mit stets gleichbleibender linearen Voreilung bezeichnet, indem man bei allmählicher Verkleinerung des Schieberhubes von der Abnahme desjenigen Winkels, den die Kurbel von ihrer Stellung beim Beginn der Vorausströmung aus bis zum Nullpunkte durchlaufen hat, absieht oder mit anderen Worten: indem man den, für die fest aufgehängte sowohl wie für die bewegliche Coulisse, durch Verkleinerung des Schieberhubes in gleichem Masse zunehmenden linearen Voreilungswinkel des Dampfaustrittes unberücksichtigt lässt. Der einzige zwischen beiden Steurungen bestehende Unterschied ist der, dass der lineare Voreilungswinkel der fest aufgehängten Coulisse in allen Lagen der Schieberschubstange, mit alleiniger Ausnahme derjenigen in ihrer Mittellage, grösser ist als der lineare Voreilungswinkel der beweglichen Coulisse. Dieser Unterschied ist bereits im IV. Theile dieses Buches in ausführlicher Weise besprochen worden, und daher eine Wiederholung überflüssig. Die lineare Voreilung der fest aufgehängten Coulisse ist aber nicht wie bei der beweglichen Coulisse von der Art der Verbindung der Excenterstangen mit den Excentern abhängig, sondern die Excenterstangen können offen oder gekreuzt sein, ohne dass dadurch irgendwie die Grösse der linearen Voreilung beeinflusst wird. Damit aber alle Bedingungen einer guten Coulissenbewegung erfüllt werden, ist es empfehlenswerth, die Steurung mit offenen Excenterstangen, wie in Fig. 50 angegeben ist, in Anwendung zu bringen.

Wie allgemein bei allen Coulissensteurungen, wird auch bei der Steurung mit fest aufgehängter Coulisse mehr Gewicht auf die Gleichstellung des Expansionsanfanges und Verminderung der Coulissenverschiebung im Vorwärtsgange als im Rückwärtsgange der Maschine gelegt. Wird eine solche Bevorzugung der Coulissenbewegung im Vorwärtsgange der Maschine für eine neu anzuordnende Steurung vorzunehmen beabsichtigt, so muss das Mittel der Coulisse unter die Bewegungsmittellinie gelegt, der Voreilungswinkel des Rückwärtsexcenters verkleinert und dessen Stange verlängert werden.

Um ein deutliches Bild von der ganzen Wirkungsweise dieser Steurung in ihren Einzelheiten zu erhalten, hat man die Dimensionen und Verhältnisse einer vorhandenen guten Steurung zu entnehmen, eine genaue Chablone des Coulissenbogens anzufertigen und mit derselben die Untersuchung in der Weise auszuführen, dass, in Uebereinstimmung mit den für die Steurung mit beweglicher Coulisse gegebenen Anweisungen, alle Lagen der Coulisse und ihrer Theile ermittelt werden.

Für diesen Zweck mögen die folgenden Dimensionen (in Ermangelung anderer) verwendet werden:

Durchmesser des Dampfkolbens $= 45{,}7$ cm;

Kolbenhub $= 61$ cm;

Länge der Treibstange = 231,1 cm;

Verhältniss der Treibstangenlänge zur Kurbellänge = 7,5;

Excentricität = 6,7 cm;

Voreilungswinkel des Vorwärtsexcenters = 27,5°;

        - Rückwärtsexcenters = 26°;

Länge der Vorwärtsexcenterstange = 145,7 cm;

    -   - Rückwärtsexcenterstange = 147,3 cm;

Entfernung der Excenterstangenzapfen von einander = 31,8 cm;

Entfernung der Excenterstangenzapfen rückwärts vom Coulissenbogen = 7,6 cm;

Entfernung des Aufhängezapfens rückwärts vom Coulissenbogen = 3,8 cm, und Lage desselben unterhalb der Bewegungsmittellinie in einer Entfernung = 2,9 cm;

Länge der Schieberschubstange = 94 cm;

    -   - Steuerstange = 29,2 cm;

    -   - Hängeschiene = 22,9 cm;

    -   - Steuerhebels = 45,7 cm;

Entfernung des Angriffspunktes der Steuerstange vom Coulissenbogen = 20,3 cm;

Lineare Voreilung = 1 cm;

Weite der Einlasskanäle = 5,1 cm;

    - des Auslasskanals = 8,9 cm, und

Grösster Schieberhub etwa = 12 cm.

Die fest aufgehängte Coulisse wird für Locomotivsteurungen in Deutschland und Nord-Amerika fast nie verwendet. In letzterem Lande vornehmlich nicht aus dem Grunde, weil alle neueren Locomotiven fast ausschliesslich mit Cylindern versehen werden, deren Schieberkasten sich auf denselben befinden und desswegen die Bewegungsübertragung von der Coulisse auf den Schieber durch Vermittelung eines Schwingehebels erforderlich machen. Für stationäre Maschinen dagegen findet diese Coulisse häufiger Verwendung; dieselbe entspricht alsdann auch bestens allen Anforderungen, zumal wenn sie mit einem Centrifugal-Regulator in Verbindung steht, der durch das Gewicht der zu verstellenden Schieberschubstange viel weniger in seiner Energie und Empfindlichkeit beeinflusst wird als durch die Excenterstangen, Hänge-schiene, Coulisse und Reibungswiderstände einer Steurung mit beweglicher Coulisse.

----

§ 41.
Coulissensteurung von Allan.

Die Erfindung der Allan'schen Coulissensteurung kann als eine natürliche Folge der Erfindung der Steurung mit beweglicher und fest aufgehängter Coulisse angesehen werden. In den Bewegungen dieser Steurung vollzieht sich zwischen deren wesentlichsten Gestaltungen ein Ausgleich, der eine mehr unmittelbare Einwirkung der Coulisse auf den Schieber und ein vollkommeneres Gleichgewicht aller Steurungstheile in Bezug auf die Steuerwelle, in Verbindung mit dem Vorhandensein einer nur geringen Coulissenverschiebung, hervorbringt. Fig. 51 stellt diese Steurung mit der Coulisse in der äussersten Lage des Vorwärtsganges dar und zeigt eine der für dieselbe gebräuchlichsten Aufhängungen. Die Stellung des Aufhängezapfens sowohl, wie die Stellungen beider Excenterstangenzapfen können für diese Steurung, je nach den gestellten Anforderungen ebenso mannigfaltig sein wie bei der Steurung mit beweglicher Coulisse. Die Lage der Steuerwelle, oberhalb oder unterhalb der Bewegungsmittellinie, ist im Allgemeinen von den Anforderungen abhängig, welche man an die übrigen Theile der Steurung stellt.

Bei der Ermittelung der Verhältnisse einer Allanschen Steurung ist vornehmlich auf eine solche Bewegung der Coulisse und der Schieberschubstange zu sehen, dass bei der Stellung der Kurbel im Nullpunkte oder in dem diesem entgegengesetzten Punkte die Coulissenmittellinie in jeder ihrer Lagen diejenige Bogenlinie berührt, in welcher sich das Zapfenmittel m des Coulissensteines bewegt. Ist die Bewegung in dieser Weise ermittelt, so liegen alle Stellungen des Coulissensteines in einer und derselben geraden Linie. Diese Eigenthümlichkeit der

Coulisse, welcher sie die gerade Form verdankt, hat der Steurung die Bezeichnung „Steurung mit gerader Coulisse" gegeben.

Die Schieberschubstange und Coulisse dieser Steurung sind beide durch Stangen unterstützt, welche mit ungleich langen Hebeln der Steuerwelle in Verbindung stehen. Die ungleiche Länge dieser Hebel ist vornehmlich für eine zweckmässige Aufhängung der Coulisse und zudem für eine Ausgleichung der Gewichte aller Steurungstheile erforderlich, um die Coulisse beim Wechsel der Bewegungsrichtung aus der einen äussersten Lage in die andere leicht verstellen zu können.

Mit gut geeigneten Bewegungsverhältnissen zeigt diese Steurung das Eigenthümliche der Steurung mit fest aufgehängter Coulisse, nämlich: die sich gleichbleibende lineare Voreilung, die nur in vereinzelten Fällen in einer der beiden Bewegungsrichtungen entsprechenden äussersten Lage der Coulisse geringe Abweichungen zeigt. Bei verhältnissmässig langer Schieberschubstange und kleinem Schieberhube bleiben diese Abweichungen jedoch ohne wirksamen Einfluss auf die Dampfvertheilung.

Wenn der Schieberhub, der Voreilungswinkel, die Länge der Excenterstangen, die Länge der Coulisse und der Schieberschubstange gegeben sind, kann das Verhältniss des langen zum kurzen Hebel der Steuerwelle leicht, wie folgt, gefunden werden. Die Chablone der Coulisse ist in die Lagen No. 1 und No. 2 der Fig. 35 zu bringen und der Hub $d^1 d^2$ in mittlerer Lage der Coulisse zu bezeichnen. Um die Punkte d^1 und d^2 sind mit der Länge der Schieberschubstange als Halbmesser Kreisbögen von unbestimmter Länge zu beschreiben, und ist die Chablone soweit abwärts zu bewegen, bis das Mittel S des Aufhängezapfens im Punkte S^2 steht, und die verlängerte Verbindungslinie der beiden Punkte S und S^2 diese Kreisbögen in den Punkten m, bezw. m^2, schneidet. Nachdem hierauf die beiden Lagen der Schieberschubstange $m d^1$ und $m^2 d^2$ angegeben sind, bestimmt sich bei gegebener Länge m u der Punkt u^1 in der Lage $m^2 d^2$ der Schieberschubstange. Wenn alsdann das Zapfenmittel l des Coulissenhebels so tief unter die durch das Steuerwellenmittel R führende horizontale Linie gelegt wird, als der Punkt S² unter S liegt, und das Zapfenmittel h des Coulissenhebels so hoch über diese Horizontale gelegt wird, als der Punkt u über der Bewegungsmittellinie liegt, so bestimmen die Entfernungen der Punkte l und h vom Wellenmittel R, welche für die Dimensionirung der Hebel angemessen zu wählen sind, die gesuchten Längen derselben.

Aus Fig. 51 ist ersichtlich, dass der Punkt m² bestrebt ist, sich unter m zu stellen und dadurch die Bewegung zu verzerren. Diesem Bestreben wird aber wirksam entgegengetreten, wenn beide Punkte in eine mit der Bewegungsmittellinie parallele Linie gelegt werden, welche von m und m² gleich weit entfernt ist. Eine solche Aenderung hat indessen zur Folge, dass sich die lineare Voreilung, in ähnlicher Weise wie bei der Steurung mit beweglicher Coulisse, etwas vergrössert.

Die folgenden Dimensionen sind für eine Untersuchung dieser Steurung zu verwenden:

Durchmesser der Dampfcylinder = 40,6 cm;

Kolbenhub = 61 cm; Länge der Treibstange = 221 cm;

Verhältniss der Treibstangenlänge zur Kurbellänge = 7,25;

Excentricität = 5,7 cm;

Voreilungswinkel = 26°;

Länge der Excenterstangen = 100,3 cm;

Schieberschubstange = 119,4 cm;

Entfernung des Angriffspunktes der Steuerstange vom Mittel des Coulissenschlitzes = 17,8 cm;

Kastenförmige Coulisse mit centraler Aufhängung;

Entfernung der in der Coulissenmittellinie befindlichen Excenterstangenzapfen = 25,4 cm;

Länge der beiden Hängeschienen = 45,7 cm;

Länge des Coulissenhebels = 6,4 cm;

Länge des Schubstangenhebels = 15,2 cm;

Lineare Voreilung in mittlerer Coulissenlage = 0,6 cm;

Weite der Dampfeinlasskanäle = 3,2 cm, und

des Dampfauslasskanales = 7 cm.

Wenn für eine zu untersuchende Steurung mit fest aufgehängter oder gerader Coulisse die lineare Voreilung und Deckung des
Schiebers bekannt, der Voreilungswinkel der Excenter aber unbekannt ist, so muss die Untersuchung in umgekehrter Reihenfolge,
wie für die Steurung mit beweglicher Coulisse angegeben ist, vorgenommen werden. Zuerst sind die vier wichtigsten Schieberstellungen d^1, l, l^1, und d^2 zu ermitteln und um dieselben mit
der Länge der Schubstange als Halbmesser Kreisbögen von unbestimmter Länge zu beschreiben. Hierauf ist die Coulissen-
chablone in die Lagen No. 1 und No. 2 zu bringen und um die
Stellungen der Excenterstangenzapfen in diesen Lagen als Mittelpunkte mit der Excenterstangenlänge als Halbmesser diejenigen
Kreisbögen zu legen, in welchen sich die Punkte F, B, f und b
befinden müssen. Wird dann noch mit der gegebenen Excentricität als Halbmesser durch diese Kreisbögen an solcher
Stelle der Bewegungsmittellinie ein Kreis beschrieben, wo dessen
Schnittpunkte mit den Kreisbögen in gleichen Entfernungen von
der Bewegungsmittellinie liegen, so sind die vier Anfangsstellungen
der Excenter gefunden, von welchen aus die Untersuchung der
Steurung auf die bereits für die Steurung mit beweglicher Coulisse erklärte Weise zu erfolgen hat.

<hr>

§ 42.
Coulissensteurung von Walschäert.

Durch diese Steurung werden zwei vollständig getrennte
Bewegungen vereinigt. Die eine derselben wird der Bewegung
eines einfachen auf der Kurbelwelle befestigten Excenters und
die andere der Bewegung des Kolbenstangenkreuzkopfes entnommen, derart, dass die Resultirende beider Bewegungen in ihrer
Wirkung derjenigen einer Steurung mit feststehender Coulisse
gleich wird.

Das Excenter dieser Steurung wird gewöhnlich in der Gestalt einer mit dem Kurbelzapfen verbundenen Gegenkurbel angeordnet, deren Zapfen rechtwinklig zur Richtung der Treibachsen-

kurbel steht, also keinen Voreilungswinkel hat. Soweit demnach die Bewegung der Coulisse von dem Zapfen dieser Schieberkurbel aus allein in Betracht kommt, kann der Schieber weder äussere noch innere Deckungen erhalten.

Die Coulisse, welche nach einem der Länge der Schieberschubstange gleichen Halbmesser gekrümmt ist, schwingt frei um einen Zapfen; in ihrem Schlitze verschiebt sich der durch einen Bolzen mit der Schieberschubstange verbundene Coulissenstein, welcher in üblicher Weise von der Steuerwelle aus durch einen Steuerhebel in Verbindung mit einer Steuerstange verstellt wird. Das untere Ende eines am Kreuzkopf des Kolbens befestigten Armes ist durch eine Gelenkstange an den Verbindungshebel geschlossen. Durch die Verbindung dieses Hebels mit der Schieberschubstange und dem Schieberstangenkreuzkopfe wirkt die Bewegung des Kolbenstangenkreuzkopfes derart auf die Bewegung des Excenters ein, dass erstere die in Folge der rechtwinklig zur Kurbel gerichteten Stellung des Excenterzapfens aufgegebene lineare Voreilung wieder herstellt, für den Schieber die Anwendung von Deckungen gestattet und eine gleichbleibende lineare Voreilung in allen Coulissenlagen ermöglicht.

Die Richtigkeit dieser Behauptungen wird ohne Weiteres ersichtlich, wenn die den zwölf Kurbelstellungen entsprechenden Lagen des Verbindungshebels in Fig. 52 in Betracht gezogen werden.

Die nachstehenden Dimensionen und Verhältnisse sind der Steurung einer 1883 für eine holländische Eisenbahn erbauten Schnellzuglocomotive entnommen und sollen dem Zwecke einer Versuchsconstruction dienen, für die sowohl eine Chablone der Coulisse als auch eine des Verbindungshebels anzufertigen ist:

Durchmesser der Dampfkolben = 45,6 cm;

Kolbenhub = 66 cm;

Länge der Treibstangen = 247 cm;

Verhältniss $V = 7,48$;

Entfernung des Coulissenschwingezapfens vom Mittel der Treibachse = 178,6 cm, und Lage desselben oberhalb der Bewegungsmittellinie = 17,5 cm:

Entfernung des Excenterstangenzapfens vom Coulissen-
  drehzapfen = 28 cm;
Länge der Schieberschubstange und Krümmungshalb-
  messer der Coulisse = 100 cm;
Entfernung des Coulissensteines vom äusseren Zapfen der
  Schieberschubstange = 20 cm:
Länge des Verbindungshebels = 65 cm;
        Armes am Kreuzkopf = 31 cm;

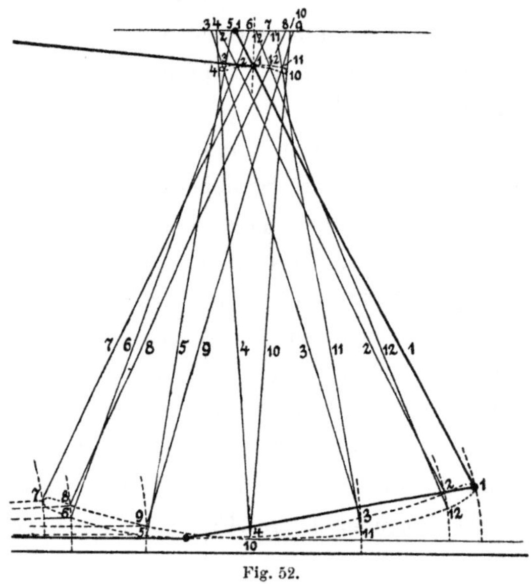

Fig. 52.

Länge der Verbindungsstange zwischen Kreuzkopfarm und
  Verbindungshebel = 31,4 cm;
Excentricität = 10 cm;
Grösster Schieberhub = 11,5 cm;
Aeussere Schieberdeckung = 2,5 cm;
Unveränderliche lineare Voreilung = 0,3 cm;
Weite des Dampfeinlasskanales = 3,2 cm, und
        Dampfauslasskanales = 7 cm.

Wenn der Fall eintritt, dass die Entfernung zwischen der
Treibachse und dem Dampfcylinder zu gering ist, um die Anordnung der Steurung auf die in Fig. 53 angegebene Weise zu

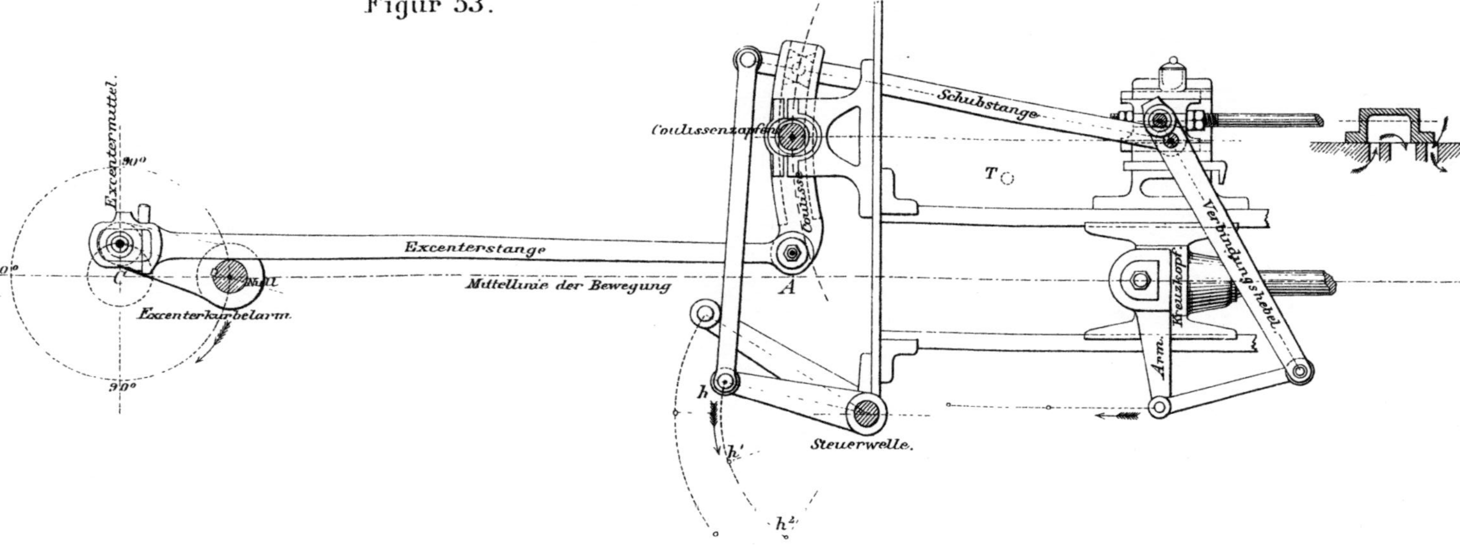

Figur 53.

Verlagsbuchhandlung v Julius Springer, Berlin N
Lith Inst v Fr Wiessner, Berlin

treffen, so kann man der Coulisse auch die entgegengesetzte Krümmung geben, die Schieberschubstange zwischen Coulisse und Treibachse legen und die Schieberstange soweit verlängern, wie es für die veränderte Stellung des Verbindungshebels erforderlich wird.

Im Allgemeinen ist der gleichgestellte Expansionsanfang mit dieser Steurung bei Weitem nicht so mühsam zu erreichen als mit den Steurungen mit beweglicher und feststehender Coulisse. Dieser Vorzug der Steurung beruht namentlich auf dem innigen, durch die Einschaltung des Verbindungshebels hervorgerufenen und stets in Wirkung bleibenden Zusammenhang zwischen Kolben- und Schieberbewegung, in Folge dessen eine zufällig auftretende Beschleunigung oder Verzögerung der Kolbengeschwindigkeit stets von der gleichen Erscheinung in der Schieberbewegung begleitet und desswegen die Fähigkeit der letzteren, auf die Vorgänge in der Kolbenbewegung störend einzuwirken, wesentlich verringert wird.

VI Theil.

Expansionssteurung mit getrennten Schiebern, schädliche Dampfräume etc.

---

§ 43.

Expansionssteurung mit getrennten Schiebern.

Es ist bereits im II. Theile dieses Buches darauf hingewiesen worden, dass eine Expansion, welche früher als bei 0,65 des Kolbenhubes beginnt und von einem einfachen, durch ein Kreisexcenter bewegten Schieber hervorgebracht wird, nicht mit einer öconomischen und wirksamen Ausnutzung des Dampfes vereinbar ist, sofern durch den gleichzeitig auch stets früher erfolgenden Schluss des Auslasskanales in der Regel eine stärkere Compression hervorgerufen wird, als für die Verzögerung der Massen aller sich hin und her bewegenden Theile der Maschine nothwendig ist. Aus diesem Grunde müssen, wenn die Expansion innerhalb weiterer als vorhin bezeichneter Grenzen gelegt werden soll, besondere Mittel angewendet werden, die den Anfang sowie die Veränderung derselben ohne Beeinflussung des Dampfaustrittes gestatten. In den meisten Fällen besteht dieses Mittel in der Anwendung zweier für den Dampfeinlass und Auslass getrennter und unabhängig von einander bewegter Schieber, deren Anordnung gewöhnlich in der in Fig. 54 angegebenen Weise anzutreffen ist und allgemein unter „Meyersche Steurung" bekannt ist.

Der Vertheilungsschieber A dieser Steurung trägt auf seinem Rücken zwei Expansionsschieber B und B′, sowie mittelst kurzer, angegossener Ständer die Entlastungsplatte H H. Auf letztere legt sich ein metallener Packungsring F F, der den Raum D unter dem Schieberkastendeckel gegen den eintretenden Dampf abschliesst und durch das Rohr E denselben mit dem Condensator der Maschine oder mit der Atmosphäre in Verbindung setzt. Der dadurch im Raume D vorhandene Condensator- oder Atmosphärendruck entlastet den Schieber grossentheils von dem sonst auf ihm ruhenden Dampfdrucke, verringert die Reibungsarbeit des Vertheilungsschiebers und erleichtert das Anhalten der Maschine. Die Stange beider Expansionsschieber ist mit rechtem und linkem Gewinde versehen, jeder der beiden Schieber durch eine Mutter auf einem dieser Gewinde beweglich, derart, dass durch Drehen der Schieberstange nach der einen oder der anderen Richtung beide Schieber einander genähert oder entfernt werden, je nachdem die Expansion später oder früher im Verlaufe eines Kolbenhubes beginnen soll. Der Vertheilungsschieber A hat Deckung, lineare Voreilung und ist für einen Compressionsanfang dimensionirt, der für die grösste mit der Steurung zu erreichende Füllung angemessen ist. Diese Verhältnisse des Vertheilungsschiebers bleiben unveränderlich, in welcher Weise der Expansionsanfang durch die getrennten Schieber B B' auch verändert wird.

Die Construction der Schieber hängt der Hauptsache nach von den Grenzen ab, innerhalb welcher die Expansion veränderlich sein soll. Für eine Steurung, deren Expansion zwischen Null und 0,6 des Kolbenhubes beginnen soll, ist die in Fig. 54 gegebene Anordnung, in welcher die Aussenkanten c c der Expansionsschieber den Schluss der Dampfkanäle veranlassen, und beide Schieber eine der Kolbenbewegung entgegengesetzte Bewegung vollführen, sehr gebräuchlich. Dagegen werden für Grenzen des Expansionsanfanges, welche zwischen 0,3 und 0,9 des Kolbenhubes liegen, zweckmässiger die Innenkanten e e der Expansionsschieber für den Kanalschluss verwendet, wobei dann diese Schieber eine mit der Kolbenbewegung übereinstimmende Bewegung erhalten müssen. Innerhalb bezeichneter Grenzen giebt die Steurung bei angemessenem Verhältniss zwischen dem Hube der Vertheilungs- und dem der Expansionsschieber scharf begrenzte Anfänge der Expansion. Bei Verwen-

dung der Aussenkanten der Expansionschieber für den Dampfabschluss ist der Hub dieser Schieber stets grösser als der des
Vertheilungsschiebers; dagegen bleibt bei Verwendung der Innenkanten, je nachdem die Kanäle des Vertheilungsschiebers langsam oder schnell geschlossen werden sollen, derselbe gleich oder
wird grösser als der des Vertheilungsschiebers.

Die relative Bewegung beider Schieber dieser Steurung kann
durch das in Fig. 55 angegebene Verfahren in jedem Einzelfalle
leicht ermittelt und deren Hübe den Bedingungen einer guten
Dampfvertheilung angepasst werden. — In der folgenden hier

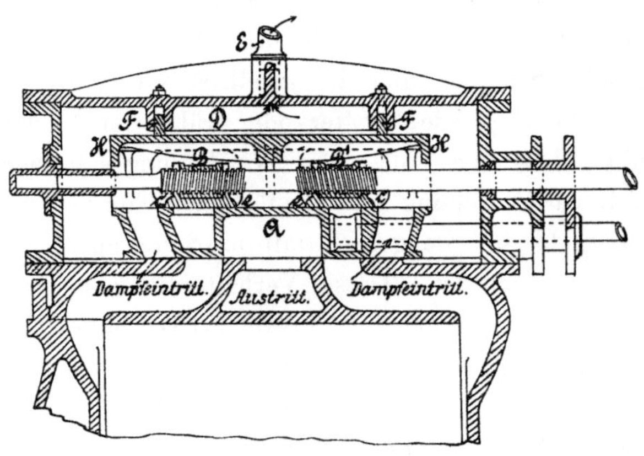

Fig. 54.

auf bezüglichen Untersuchung wird vorausgesetzt, dass die Innenkanten der Expansionsschieber den Schluss der Dampfkanäle im Vertheilungschieber bewirken, indessen wird die Untersuchung durch Nichts geändert, wenn die Aussenkanten für
den Schluss verwendet werden.

Man verzeichne auf einem Stück Papier Einlasskanäle, Auslasskanal und die Kanalstege des Cylinders, sowie den Kreis fg,
der die Bewegung des Excenters für den Vertheilungsschieber
mit einem Voreilungswinkel 6 R 1, einer Stellung R^3 bei halbem
Kolbenhube und einer Stellung R^4 beim spätesten Expansionsanfange darstellt. Diese Stellungen des Excenters projicire man
auf die Schiebergleitfläche und bezeichne dieselben an dieser
Stelle mit 1, 2, 3 und 4. Neben diesem Stücke Papier befestige

man einen Papierstreifen X A, dessen Grundlinie A auf dem Punkte 6 ruht und verzeichne auf demselben den Vertheilungsschieber nach den im II. Theile dieses Buches gegebenen Regeln mit einer dem spätesten Expansionsanfange entsprechenden äusseren Deckung, wobei man berücksichtige, dass die Dampfkanäle S S behufs Raumersparniss nach oben hin zusammen zu ziehen sind.

Neben X A befestige man hierauf einen zweiten Papierstreifen W D und beschreibe um einen beliebigen in seiner Grundlinie D gelegenen Punkt R einen den Weg des Expansionsschieberexcenters darstellenden Kreis h j. Die Anfangsstellung des Excenters, welches den Expansionsschieber bewegt, ist die mit der Kurbelrichtung übereinstimmende Stellung R 1. Von derselben aus sind die Stellungen R 2, R 3 und R 4 in solchen Entfernungen abzutragen, dass gleichbezeichnete Winkel beider Kreise f g und h j gleiche Grösse haben.

Nach diesen Vorbereitungen ist die Entfernung beider Expansionsschieber von einander für den verlangten Expansionsanfang, die Länge dieser Schieber, sowie auch die Länge L der Lappen des Vertheilungsschieber, um das Herunterfallen der Expansionsschieber zu verhüten, zu bestimmen.

Vorausgesetzt sei, dass 0,5 und 0,88 des Kolbenhubes die Grenzen sind, innerhalb der die Expansion veränderlich sein soll. Zuerst löse man die beiden Papierstreifen X A und W D, stelle deren Grundlinien A und D auf die Punkte No. 3 der bezüglichen Excenterstellungen bei halbem Kolbenhube und bezeichne mit e die Stellung der Innenkante desjenigen der beiden Expansionsschieber, welcher bei dieser Excenterstellung den Kanal im Vertheilungsschieber für den Einlass frischen Dampfes schliessen muss. Verschiebt man alsdann beide Papierstreifen dahin, wo ihre Grundlinien A und D mit den Punkten No. 4 der entsprechenden Excenterstellungen bei spätestem Expansionsanfange zusammenfallen und bezeichnet in dieser Lage die Stellung der Innenkante der Expansionsschieber mit e″, so ist aus der veränderten Stellung ersichtlich, dass die Expansionsschieberstange soweit gedreht werden muss, bis sich beide Schieber B wegen der Gleichheit ihrer Gewindesteigungen um die Entfernung

e e″ = n von ihren anfänglichen dem frühesten Expansionsanfange entsprechenden Stellungen, entfernt haben.

Um eine in demselben Kolbenhube sich wiederholende Eröffnung des Einlasskanals, bevor derselbe durch den Vertheilungsschieber geschlossen wird, zu verhindern, muss den Expansions-
schiebern B eine hierfür ausreichende Länge gegeben werden.
Dieselbe findet man, wenn man die Papierstreifen in die Stellungen No. 4 bringt, auf dem Streifen W den Punkt c der

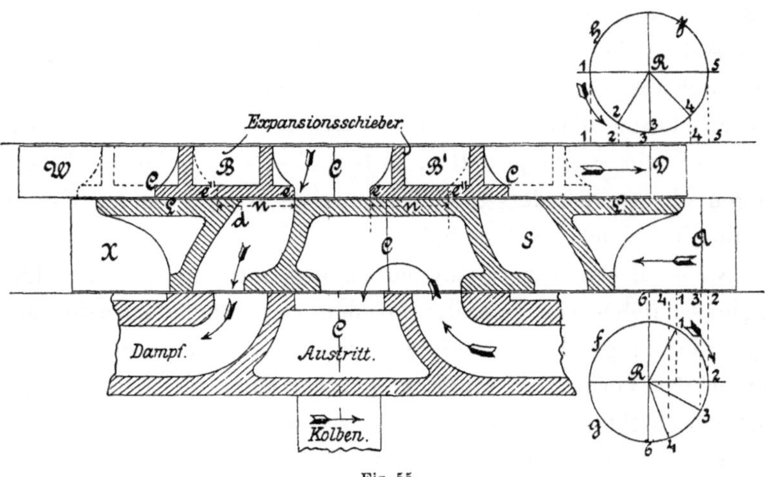

Fig. 55.

Schieberaussenkanten bezeichnet und die Entfernung der Punkte
e und c misst, welche die kleinsten den Schiebern zu gebende
Länge bestimmt. Bringt man darauf die Papierstreifen in die
Stellungen No. 1, in welchen die Expansions- und der Vertheilungschieber ihre abweichendste Stellung von einander einnehmen, so erhält man damit auch diejenige Stellung der Schieber,
welche die genaue Länge der dem Vertheilungsschieber zu gebenden Lappen L L bestimmt.

Durch Einfügen noch anderer Stellungen der Excentermittel
zwischen die Punkte 1, 2, 3 und 4 gewinnt man ein genaues Bild
von der relativen Bewegung der Expansionsschieber in Bezug auf
den Vertheilungsschieber. Geht aus einer solchen dann hervor,
dass die Kanaleröffnungen nicht den gestellten Anforderungen entsprechen, so hat man durch Vergrösserung oder Verkleinerung

des Expansionsschieberhubes in der Hand, dieselben dem Erforderniss entsprechend zu verändern.

Für stationäre Maschinen ist gebräuchlich, die Dimensionen der Expansionsschieber für eine zwischen 0,1 und 0,7 des Kolbenhubes veränderliche Expansion einzurichten; dem Vertheilungsschieber einen linearen Voreilungswinkel von etwa 8° und eine äussere Deckung, welche den Expansionsanfang bei 0,88 des Kolbenhubes beginnen lässt, zu geben. Der durch diese Verhältnisse dann bedingte Voreilungswinkel ist in der Regel geeignet, eine angemessene Compressionswirkung hervorzubringen, wenn nicht, zeigt sich durch unruhigen Gang der Maschine, dass der Voreilungswinkel nicht den Verhältnissen entspricht, so ist derselbe so lange zu verändern, bis die lineare Voreilung in Verbindung mit der Compression wirksam der lebendigen Kraft aller sich hin und her bewegenden Maschinentheile, sowie der todten Kolbenbewegung, entgegentritt.

Die Expansionsschieber der Schiffsmaschinen schliessen mit ihren Aussenkanten die Kanäle der Vertheilungsschieber. Letztere erhalten gewöhnlich 15° bis 20° Deckungswinkel und eine bei etwa 0,9 des Hubes beginnende Compression. Diese Compression wird dann aber nicht durch die den Vertheilungsschiebern gegebenen Verhältnisse, sondern durch Höherstellen der Coulisse, bis die Excenter wirksame Voreilungswinkel von 35° bis 45° zeigen, herbeigeführt; mit anderen Worten also: unter sonst nicht geeigneten Verhältnissen kann bei Schiffsmaschinen durch eine nach der Mittellage zu gerichtete Stellung der Coulisse erreicht werden, dass die Compression früher beginnt als der den Excentern gegebene Voreilungswinkel unter sonst gleichen Verhältnissen gestattet, und dass sich zudem ohne irgend welche Aenderung desselben die Wirkung der Compression reguliren lässt.

Kann die Arbeitsleistung einer bereits vorhandenen Maschine, welche mit besonderen von den Einlasskanälen getrennten Auslasskanälen versehen ist, innerhalb nicht zu enger Grenzen schwankeu, so ist der Dampfauslassschieber stets dem voraussichtlich kleinsten Dampfverbrauche entsprechend in der Weise zu reguliren, dass, wenn von Zeit zu Zeit der Voreilungswinkel vergrössert wird, schliesslich eine Stellung für das Excenter gefunden wird, mit welcher die Maschine den geringsten Dampfverbrauch zeigt. Dieser Voreilungswinkel kann selbstverständlich nicht durch Inhaltsberechnungen der Indicator-Diagramme gefunden werden, sofern solche nur den Druck des Dampfes im Augenblicke seiner Einwirkung auf den Kolben und nicht die Wirkung der lebendigen Kraft der sich bewegenden Maschinentheile erkennen lassen.

§ 44.
Gleichstellung der Bewegung einer Expansionssteurung mit getrennten Schiebern.

Die Gleichstellung des Expansionsanfanges der von einem Kreisexcenter bewegten Expansionsschieber einer Meyerschen Steurung kann mit Umgehung aller bei der einfachen Schiebersteurung für diesen Zweck zu überwindenden Schwierigkeiten herbeigeführt werden, weil nicht jede Aenderung der vom Vertheilungsschieber unabhängig bewegten Expansionsschieber auch eine Aenderung des Vertheilungsschiebers nach sich zieht.

Durch Verlängerung der Excenter- oder Schieberstange beider Expansionsschieber wird die Gleichstellung der Expansion in derselben Weise, wie bei der einfachen Steurung — wenigstens annähernd — erhalten, sobald diese Verlängerung für das Verhältniss der Treibstangenlänge zur Kurbellänge angemessen ermittelt ist. Werden die Expansionsschieber auf die in Fig. 58 angegebene Weise durch einen mit dem Kolbenstangenkreuzkopf in geeigneter Verbindung stehenden doppelarmigen Hebel bewegt, so wird die Bewegung derselben durch die der Kolbenbewegung eigenthümlichen Unregelmässigkeiten ausgeglichen, und kleine in der Bewegung des Vertheilungschiebers dann noch auftretende Ungleichheiten werden durch eine Verlängerung der Expansionsschieberstange geregelt.

Die lineare Voreilung des Vertheilungsschiebers ist genau gleich zu stellen. Führt dabei das einfache Excenter oder die den Vertheilungsschieber bewegende Coulisse keinen gleichen

Compressionsanfang herbei, so ist derselbe durch innere Deckungen des Schiebers, welche auf die im § 22 angegebene Weise ermittelt werden müssen, zu bewirken.

Die Gleichstellung des durch den Vertheilungsschieber erfolgenden Expansionsanfanges ist für Dampfvertheilung von keiner Bedeutung, die Coulisse desswegen immer so zu reguliren, dass sie die möglichst kleinste Verschiebung zeigt; dem Vertheilungsschieber ist daher gleiche lineare Voreilung zu geben, und die Expansionsschieber sind für gleichgestellten Expansionsanfang zu reguliren.

§ 45.
Schädlicher Dampfraum.

Mit dem Ausdrucke „schädlicher Dampfraum" bezeichnet man den Inhalt des in äusserster Kolbenstellung zwischen Kolben und Cylinderdeckel verbleibenden Raumes, zuzüglich den Inhalt des mit demselben in Verbindung stehenden Einlasskanales oder mit anderen Worten: „den Inhalt des unbenutzten Volumens des Dampfcylinders und den eines Einlasskanales.

Beim Beginn eines jeden Kolbenhubes füllt sich der schädliche Raum mit frischem Dampfe, dessen Wirkung darin besteht, dass dasselbe, je nachdem die Maschine mit kleiner oder grosser Füllung arbeitet, aus diesen Räumen in den Cylinder expandirt und dadurch den mittleren Druck auf den Kolben mehr oder weniger steigert. Je kleiner also die Füllung einer Maschine ist, desto geringer wird der Arbeitsverlust des sich in den schädlichen Räumen befindlichen Dampfes, und in demselben Masse wird die allgemein gebräuchliche Bezeichnung dieser Räume weniger zutreffend sein.

Wegen des Verlustes an Arbeit, den die schädlichen Räume stets mehr oder weniger verursachen, ist es in allen Fällen, namentlich bei langhübigen Maschinen, von Vortheil, die Schieber so zu gestalten, dass dieselben den Cylinderenden möglichst genähert werden können, damit die Dampfkanäle kurz und deren Rauminhalte klein werden.

11*

Eine vielfach für diesen Zweck gebräuchliche Schieberanordnung zeigt Fig. 56, in welcher die beiden den Cylinderenden genäherten Schieber cylindrisch, den Dampfkolben ähnlich, gestaltet sind und sich in Bohrungen der Dampfkammer dampfdicht schliessend bewegen.

Für stehende Maschinen sowie für kleine horizontale Maschinen können diese Kolbenschieber ohne jedes Dichtungsmittel verwendet werden; dagegen sind den Schiebern grosser horizontaler Maschinen Dichtungsringe von der Art, wie dieselben für Dampf-

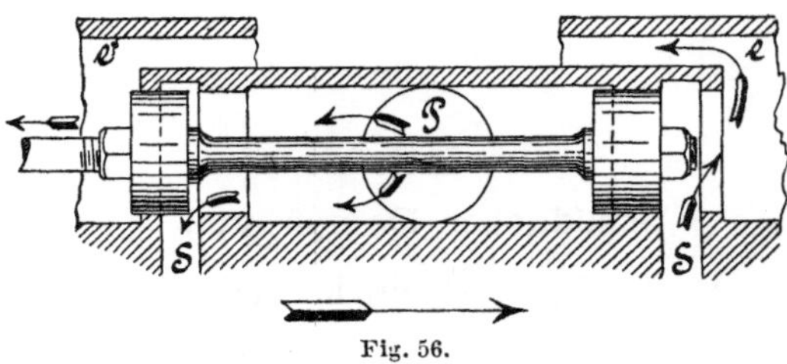

Fig. 56.

kolben gebräuchlich sind, zu geben, wenn nicht die durch Reibung der Schieber entstehenden Abnutzungen Dampfverluste herbeiführen sollen.

Der Dampfeintritt erfolgt für Steurungen mit diesen Kolbenschiebern am ungehindertsten durch ein zwischen beiden Schiebern in die Dampfkammer mündendes Rohr, dasselbe kann aber auch, wenn sonst die Verhältnisse der Maschine darauf hinzeigen, nach den beiden äusseren Kammern ee verlegt werden. Damit ungleiche Expansionswirkungen vermieden werden, ist es zweckmässig, die umschliessenden Wandungen der Kolbenschieber mit Dampfmänteln zu versehen.

§ 46.
Schieberreibung.

Die Reibung eines Schiebers ist unmittelbar von der Grösse des auf ihm ruhenden Dampfdruckes und von der Grösse desjenigen Theiles seiner Fläche abhängig, der erhalten wird, wenn man letztere um denjenigen Flächeninhalt verringert, auf welchen der Dampfdruck ausgeglichen ist.

Um den auf dem Schieber ruhenden Dampfdruck und damit zugleich dessen Reibung ganz oder theilweise aufzuheben, werden verschiedene Mittel angewendet. Zwei derselben sind in den Figuren 54 und 56 angegeben; ein drittes besteht darin, dass man im Austrittskanale an der Cylinderwand einen Ständer von solcher Höhe befestigt, dass eine auf demselben befestigte und nach dem Schieber zu concav gerichtete Metallplatte sich dampfdicht gegen eine der inneren Seite der Schieberhöhlung angegossene Fläche legt und während der Bewegung des Schiebers an dieser Fläche hin und her gleitet. Durch kleine in die Schieberdecke gebohrte Löcher wird dem Dampfe der Zutritt unter dieselbe ermöglicht und dadurch der grössere Theil des auf dem Schieber lastenden Dampfdruckes aufgehoben.

Zudem werden auch wohl grosse Schieber in vereinzelten Fällen auf ca. 4,5 cm grosse Stahlrollen gestellt, die sich auf Leisten von demselben Material stützen und bei der Bewegung der Schieber die durch ihre Eigengewichte bedingte gleitende Reibung in rollende Reibung verwandeln. Auch die Enden grosser Schieber vertikaler Maschinen versieht man wohl mit ähnlichen Rollen, damit deren Führung genau und deren Bewegung eine wenig Widerstand verursachende wird.

———

§ 47.
Verkleinerung des Schieberhubes.

Die von der Reibung des Schiebers verbrauchte Arbeit einer Maschine hängt unmittelbar von der Grösse des Schieberhubes mit ab, wesshalb man denselben bei allen grösseren Maschinen und namentlich bei grossen Schiffsmaschinen möglichst zu verkleinern sucht. Das hierfür in Anwendung zu bringende Mittel ist die Vermehrung der Dampfeinlasskanäle des Cylinders, welche entweder in doppelter oder dreifacher Zahl angeordnet werden, je nachdem der Schieber die Hälfte oder den dritten Theil seines ursprünglich erforderlichen Hubes erhalten soll. In der Regel wird der anfänglich erforderliche Schieberhub um die Hälfte verkleinert und dem Schieber dann die in Fig. 57 dargestellte Construction gegeben.

Die Schieberkanten F und N dieser Construction müssen soweit von einander entfernt werden, dass im Schieber selbst zwei Dampfdurchlässe U und U angebracht werden können, die mit ihren Oeffnungen T und T an Stellen der Schieberfläche ausmünden, wo dieselben in der Bewegung des Schiebers nur mit den Einlasskanälen und nie mit den Auslasskanälen des Cylinders in Verbindung treten können.

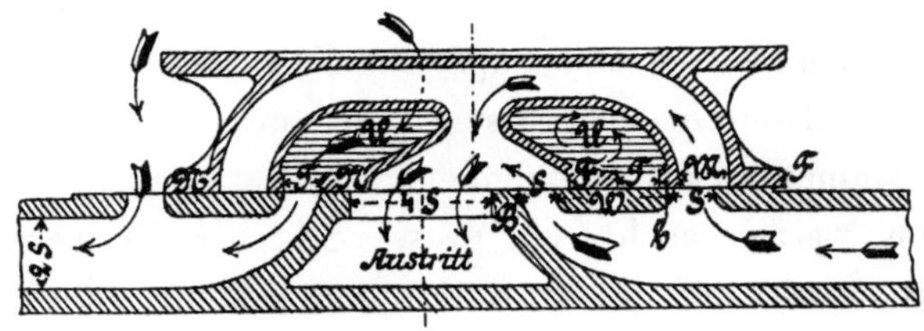

Fig. 57.

Die im Allgemeinen solchen Schiebern zu gebenden Verhältnisse sind folgende:

Ganze Weite eines der beiden Einlasskanäle = 2 S;

Weite eines der beiden Oeffnungen eines jeden Einlasskanales = S;

Weite jedes der beiden Kanäle im Schieber = T;

Weite des Dampfauslasskanales = 4 S;

Länge der Schieberlappen F und N = S + Deckung, und

Länge des Kanalsteges W = $\frac{1}{2}$ Schieberhub + Deckung + T + 2 cm.

Dabei ist die Stegstärke B von der Dicke der Cylinderwand und die Stegstärke b des Schiebers von der Wanddicke des Schiebers abhängig.

In vereinzelten Fällen verringert man den Schieberhub noch weiter durch Einfügung einer dritten Einlassöffnung in die Cylinderkanäle bis zu einem Drittel des ursprünglichen Hubes. In solchem Falle sind die Aussenlappen F und N zu verlängern, in jedem eine Einlassöffnung anzubringen, die nur mit der äussersten Einlassöffnung des Cylinderkanales in Verbindung treten kann.

Die beiden Austrittskanäle des Schiebers sind dann genügend weit anzulegen, um den durch die drei Oeffnungen eingetretenen Dampf ungehindert wieder austreten zu lassen.

---

§ 48.
Umkehrbare Expansionssteurung mit zwei getrennten Schiebern.

Bei den Betrachtungen der Coulissensteurungen im Allgemeinen, am Schlusse des § 32, ist darauf hingewiesen worden, dass die Bewegungsmittellinie einer Coulissensteurung zu der Richtung der Kolbenbewegung jede geneigte Lage einnehmen

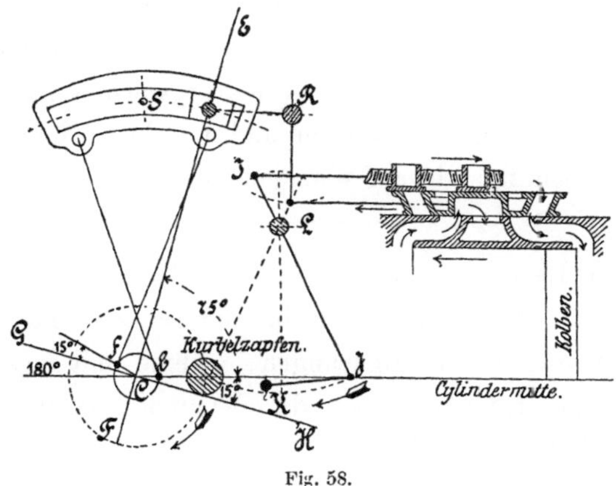

Fig. 58.

kann, ohne dass im Geringsten das Resultat der Schieberbewegung dadurch beeinflusst wird.

In der in Fig. 58 dargestellten Doppelschiebersteurung mit beweglicher Coulisse für eine „rückwärts arbeitende" Maschine, steht die Bewegungsmittellinie der Coulisse unter 75° zur Richtung der Kolbenbewegung geneigt. EF ist die Mittellinie der Coulissenbewegung und GH eine zu derselben rechtwinklige Linie, von welcher die 15° grossen Voreilungswinkel der beiden die Coulisse bewegenden Excenter abgetragen sind. Die Excenterstangen sind gekreuzt; die lineare Voreilung nimmt daher von der äussersten nach der mittleren Coulissenlage hin ab. Da die Coulisse aber nur in den äussersten oder in unmittelbar denselben angrenzenden Lagen verwendet werden soll, so ist die Verkleinerung der linearen Voreilung nach der mittleren Coulissenlage zu in diesem Falle insofern von Vortheil, als dadurch dem Maschinisten die Möglichkeit geboten wird, allein durch Verstellung der Coulisse in ihre Mittellage die Maschine in Stillstand zu bringen. In der Weise, wie die Anordnung dieser Steurung getroffen ist, werden beide Expansionsschieber vom Kreuzkopfe der Kolbenstange aus durch die Gelenkstange JK und den doppelarmigen Hebel JLJ bewegt. Dieselben Schieber lassen sich aber auch von einem auf der Kurbelwelle befestigten Excenter aus bewegen, wenn dessen Normalstellung in die Richtung der Linie EF fällt und die Bewegung durch Vermittelung eines Schwingehebels auf die Schieber übertragen wird.

Die Regeln, welche bei der Construction einer derartigen umkehrbaren Expansionssteurung beachtet werden müssen, sind bereits im § 43 angegeben worden und ist daher überflüssig, an dieser Stelle nochmals darauf einzugehen.

Manchem Leser könnte es als ein Mangel dieses Buches erscheinen, dass der zahlreichen in neuerer Zeit für stationäre Maschinen angewendeten Steurungen, welche mit automatischer Einwirkung eines Regulators auf die Expansion in jedem Augenblicke die Leistung der Maschine ihrem Widerstande anpassen, keine Erwähnung geschehen ist. Bei der Feststellung des Inhaltes dieses Buches hat indessen die Ansicht vorgewaltet, dass es dem beabsichtigten Zwecke am besten entsprechen würde, wenn sich die Betrachtungen in demselben auf die tagtäglich und allgemein Verwendung findenden Steurungen beschränkten und die Ermittelung der den Bewegungen automatischer Expansionssteurungen zu Grunde liegenden Gesetze, denjenigen überlassen bliebe, welche in der Regel durch Patentschutz zu der Anfertigung von Maschinen mit derartigen Steurungen allein berechtigt sind und desswegen auch allein nur Gebrauch von denselben machen können.